一日多蔬
「綠沙拉」

三悅文化

Contents

Part 1
全新清脆感受！
「美式拌沙拉」

08 萵苣和香味蔬菜的沙拉
　　佐絞肉番茄沙拉醬
10 章魚沙拉拌蒜味辣椒油
11 豆苗鹽豆腐沙拉佐炸牛蒡
12 薑燒豬肉沙拉
13 胡蘿蔔番茄沙拉
14 西瓜蘿蔔和蕪菁的千層派沙拉
　　南瓜拌苦椒醬美乃滋的韓式沙拉
16 酪梨番茄的中式黑醋沙拉
17 菊苣焗烤沙拉
18 苦苣芹菜沙拉佐香蒜螢烏賊
19 萵苣蛤蜊湯沙拉
　　脆蘿蔔和水菜的鱈魚子湯沙拉

20 Column 1
　　沙拉的製作從蔬菜的挑選開始！
　　新鮮蔬菜的選購方法

Part 2
品嚐當季美味蔬菜的
「『時令』沙拉」

22 春季的豌豆沙拉
24 春季高麗菜培根
　　蘆筍和半熟蛋的小菜沙拉
26 夏季蔬菜的普羅旺斯雜燴
28 玉米苦瓜蠶豆沙拉佐莎莎醬
　　綠色的黏糊糊沙拉
30 秋茄的亞洲風沾醬
32 花椰菜和百合根的蔬菜咖哩
　　根莖蔬菜和柿子拌芝麻豆腐
34 搓鹽蘿蔔和水芹的香味沙拉
36 小松菜佐油漬沙丁魚沙拉
　　下仁田蔥和綠花椰的卡芒貝爾沾醬沙拉

38 Column 2
　　維持美味與鮮度！
　　蔬菜的保存技巧

Part 3
受歡迎的傳統 & 創新
「Daily salad BEST5」

40 生鮮萵苣番茄沙拉
41 鬆軟雞蛋的溫熱綠蔬菜沙拉
　　白菜蘋果雞柳的日式沙拉
42 簡易凱撒沙拉
43 高麗菜雞排凱撒沙拉
　　日式豬肉片凱撒沙拉
44 王道！馬鈴薯沙拉
45 綠花椰的綠色馬鈴薯沙拉
　　花椰菜和蕪菁的馬鈴薯沙拉
46 美式高麗菜沙拉
47 東南亞高麗菜沙拉
　　雞肉咖哩高麗菜沙拉
48 韓式拌菜
49 炒蠶豆和櫛瓜的西式拌菜
　　番茄紅椒火腿拌菜

50 Column 3
　　多餘的蔬菜也要有效應用！
　　快速醃菜食譜

Part 4
宴客 & 聚餐最適合！
「宴客沙拉」

52 白蘆筍和橘子的清爽沙拉
54 春捲造型的高麗菜手卷沙拉
55 酥脆！蔬菜脆片沙拉
56 骰子牛香味蔬菜沙拉
57 黃瓜芹菜的芒果清爽沙拉
　　櫛瓜干貝的薄荷沙拉

58　Column 4
　　沙拉再升級！
　　加分頂飾的簡單食譜

Part 5
搭配白飯或麵食，令人滿足的
「沙拉套餐」

60　小米墨西哥沙拉
62　切絲蔬菜的健康蕎麥麵沙拉
63　酥脆鍋巴的香味沙拉
64　長棍麵包和手撕蔬菜的清脆沙拉
65　涼拌冬粉沙拉

66　Column 5
　　就想一起吃！
　　適合沙拉的主食食譜
67　讓沙拉變得更加美味！
　　手工沙拉醬

Part 6
利用沙拉改善身體的輕微不適！
「健康套餐」

肌膚問題
73　胡蘿蔔番茄雞肉沙拉
74　菠菜甜椒沙拉佐炒雞蛋
75　鮪魚、水菜、甜椒沙拉佐黏糊糊沙拉醬
　　南瓜和豬肝的酥炸沙拉

疲勞、熱疲勞
77　炸茄子和苦瓜、豬肉的豐富沙拉
78　番茄和鰻魚的配料沙拉
　　蘆筍和豆芽菜的微波溫沙拉
79　苦瓜和豬肉片的梅風味沙拉

壓力、失眠
81　芽甘藍和小洋蔥、莫札瑞拉起司的烤沙拉
　　秋葵和豆腐的日式沙拉

肩膀痠痛、浮腫
83　豐富蔬菜的韓國烤肉沙拉
84　南瓜和櫛瓜的烤雞沙拉
85　蕪菁和薑燒豬肉的鮮豔溫沙拉
　　綠花椰和花椰菜、水煮蛋溫沙拉

過敏、預防感冒
87　高麗菜豆苗沙拉佐蘿蔔泥小魚沙拉醬
88　炸牛蒡菠菜沙拉
　　白菜甜椒沙拉佐干貝沙拉醬
89　蒸蓮藕、胡蘿蔔、蕪菁的義式熱醬沙拉

貧血
91　茼蒿和洋蔥的炙燒鰹魚沙拉
　　菠菜烤牛肉沙拉佐起司沙拉醬

92　搶救營養不足！
　　危急時刻的「喝的沙拉」

94　蔬菜類別索引

本書的使用方法
● 就配菜的部分來說，材料的分量是以 2 盤的分量為標準。可是，量少不容易製作的沙拉醬等，則是採用「容易製作的分量」。
● 熱量（kcal）是以 1 碗的量為標準。
● 1 大匙是 15ml、1 小匙是 5ml、1 杯是 200ml。1 米杯的分量是 180ml，可直接使用電鍋隨附的量米杯。
● 如果沒有特別指定火候，就請用中火進行烹調。
● 微波爐的加熱時間，以使用 600W 的情況為標準。若是 500W，請以 1.2 倍為標準，進行時間的調整。另外，加熱時間也會因微波爐的種類或材料的個體差異而不同，所以請視個人情況進行調整。
● 除非有特別指定的情況，蔬菜類的處理一律省略清洗、削皮等作業的說明。
● 高湯是指利用昆布、柴魚、小魚乾等食材熬煮成的日式高湯。使用市售高湯塊（粉）的時候，請依照產品的包裝標示使用。另外，由於市售品已經預先調味，所以請先試過味道後再進行調味。
● 調味料類，除非有特別標示，醬油一律採用濃口醬油，小麥粉使用低筋麵粉，砂糖則是使用白砂糖。胡椒請依個人喜好，使用白或黑胡椒粉。

→ 可攝取到一日蔬菜攝取量的
主菜沙拉

350g以上的
蔬菜製作出2盤沙拉

熱量不高且富含營養的蔬菜,是適合大量攝取的食材。這本書所介紹的沙拉,可以藉由一道食譜(2盤分量)攝取到350g以上的一日蔬菜攝取量。日常攝取蔬菜量不足的人,更應該善用這些食譜。

野菜
350g

只要做出一道沙拉,
再附上白飯或麵包,
就是一份套餐!

「只吃沙拉,吃得飽嗎?」不用擔心!這本書所介紹的沙拉,除了蔬菜之外,還添加了肉或魚類等蛋白質來源,所以分量絕對足夠。只要再附上白飯或麵包等主食,就可完成一份套餐!請依照「希望調整身體狀態」、「想吃季節蔬菜」等,當下的心情進行挑選。

+白飯

+麵包

 +

以一天攝取
350g
以上為目標

每天該吃
多少蔬菜才夠？

根據日本厚生勞動省的調查，成人每人每天應以攝取 350g 以上（綠黃色蔬菜 120g 以上）的蔬菜量為目標。由於每種蔬菜所含的營養成分多寡和作用各不相同，所以，應盡可能均衡攝取綠黃色蔬菜和淡色蔬菜，同時盡可能攝取多樣種類最為理想。

綠黃色蔬菜

指每 100g 的蔬菜量，內含有 600μg 以上的 β 胡蘿蔔素蔬菜。在這類蔬菜當中，有著紅、黃、綠色等鮮豔色彩的蔬菜，營養成分特別高。順道一提，番茄和青椒的 β 胡蘿蔔素含量，雖未達到規定的標準，但是，因為這類蔬菜通常都會一次吃較多的分量，所以就把它給歸類在這一類。

淡色蔬菜

淡色蔬菜是指，不含綠黃色蔬菜、薯類和菇類的所有蔬菜。顏色比較淡，味道也比較溫和，所以容易廣泛運用在各種料理。就算 β 胡蘿蔔素不多，不過，營養價值極高的蔬菜也不少。

★薯類、菇類不在蔬菜之列
不歸類在蔬菜之列的薯類含有豐富的醣類和維他命 C，菇類則有豐富的食物纖維。只要搭配蔬菜一起攝取就行了！

該怎麼做才能
攝取大量蔬菜？

例如，如果以生食方式攝取 350g 以上的菜葉蔬菜，或許會相當吃力。但是，只要搭配黃瓜、番茄、芹菜或根莖蔬菜等，具重量感的蔬菜一起攝取，就會變得輕鬆許多。另外，只要利用調理方法或預先處理，減少蔬菜的「分量」，就可以吃下更多的蔬菜。

 加熱

最迅速的方法就是，炒、煮、蒸等加熱調理。分量的攝取也相當輕鬆！

 搓鹽

搓鹽之後，就可以去除蔬菜中的多餘水分，同時也更容易入味。

磨泥

淡色蔬菜

把蔬菜磨成泥或是切碎後，再加上調味料，就可以成為健康的沙拉醬。

切碎

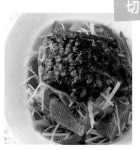

了解美味沙拉的
製作訣竅！

為了徹底品嚐蔬菜的美味，
先來了解一下製作沙拉時的重點吧！
只要一點點小技巧，
就可以製作出截然不同的外觀和味道。

泡水後，美味升級

切好的蔬菜泡水之後，可以增添口感，同時去除蔬菜獨特的澀味或辛辣味。可是如果浸泡太久，也會導致營養流失，所以要多加注意。

切的方向也會改變口感！

順著蔬菜的纖維切，或是切斷纖維，都會使口感瞬間改變。依照個人喜好，靈活運用切法吧！

讓味道滲透整體的切法

為了讓沙拉醬或醬料滲透整體，蔬菜的切法也要下一番功夫。不僅會變得更美味，同時食用起來也更容易。

確實瀝乾水分

確實瀝乾水分是製作沙拉的鐵則。如果沒有確實瀝乾，味道就會變淡，裝盤後的外觀也會略遜一籌。

提升菜葉蔬菜的口感！

菜葉蔬菜等，只要放在水裡浸泡，口感就會變得水嫩且清脆。關鍵是使用冰涼的水。

順著纖維（呈平行）切

希望製作出清脆口感時，建議採用這種方法。切的時候，把切掉的根部朝向內側。

切成大小一致的尺寸

只要讓大小一致，味道就可以均勻分布，同時咀嚼的時候，也能享受到蔬菜的不同口感。

使用蔬菜脫水盆

如果有利用離心力甩掉蔬菜水分的沙拉脫水盆，就可以更快速、輕鬆且確實地瀝乾水分。

有效去除澀味和草味

牛蒡或蓮藕等澀味強烈的蔬菜，切之後馬上泡水。青紫蘇或襄荷的強烈香氣，也可以用這種方法消除。

逆著纖維（呈直角）切

喜歡柔嫩口感時，要採用切斷纖維的方式。切的時候，把切掉的根部朝向旁邊。

堅硬的蔬菜也可以善用刨刀

只要用刨刀削成緞帶狀，就算是堅硬的蔬菜，仍舊可以輕鬆入味。另外，裝盤時也能增添變化。

用抹布包裹甩動

如果沒有沙拉脫水盆，只要用抹布包裹蔬菜再甩動，就可以了。只要這麼一個小動作，就可以更添美味。

Part 1

全新清脆感受！
「美式拌沙拉」

把大量的生鮮蔬菜裝進碗裡，
淋上熱騰騰的配菜或醬料後，再稍微攪拌，
就是一道可以立即上桌的豪邁沙拉。
因為是靠熱度讓味道滲入，
所以可以讓美味持續到最後。
分量感也令人無從挑剔。

料理／堤　人美　攝影／千葉　充

萵苣和香味蔬菜的沙拉
佐絞肉番茄沙拉醬

1盤
231
kcal

加了絞肉的魚露沙拉醬和香味蔬菜最契合！
東南亞風味的沙拉。

2盤的蔬菜 攝取量	萵苣 ½ 顆	香菜 2 株	西洋菜 1 把	小番茄 12 顆	= 430g

材料（2 盤）
萵苣…½ 顆（250g）
香菜…2 株（30g）
西洋菜…1 把（30g）
小番茄…12 顆（120g）
豬絞肉…100g
蒜末…½ 瓣
紅辣椒…1 根
A │ 魚露、醋…各 1.5 大匙
　 │ 蜂蜜…1 大匙
　 │ 鹽、胡椒…各適量
沙拉油…2 小匙

2 製作沙拉醬

用平底鍋加熱沙拉油，用
小火拌炒蒜頭和紅辣椒。
產生香氣後，改用中火，
加入絞肉，熱炒 1 分鐘 30
秒左右。加入小番茄，炒
到外皮剝落之後，加入混
合之後的材料 A。

1 切蔬菜

萵苣切成 5cm 寬、香菜切
成 3cm 長，西洋菜摘下
菜葉，並且把莖切成 2cm
長。紅辣椒切片。

3 完成

把萵苣裝進碗裡，鋪上西
洋菜和香菜，並且淋上步
驟 2 的食材。

章魚沙拉拌蒜味辣椒油

鋪上熱騰騰的蒜味章魚！
可以享受到不同於菜葉蔬菜的口感。

2盤的蔬菜攝取量

沙拉菠菜　　芝麻菜　　黃瓜
2把　　　　2包　　　　2條

= 380g

材料（2盤）
沙拉菠菜…2把（120g）
芝麻菜…2包（60g）
黃瓜…2條（200g）
水煮章魚…3條（200g）
鯷魚…3片
蒜末…1瓣
橄欖油…3大匙
檸檬（切瓣狀）…2塊
粗粒黑胡椒…適量

1 沙拉菠菜和芝麻菜切掉根部，切成3等分。黃瓜用刨刀削成薄片。一起浸泡在水裡，變得脆後，把水分瀝乾，裝盤。

2 章魚切成5mm厚。鯷魚切成細末。

3 用平底鍋加熱橄欖油和蒜頭，用小火拌炒，直到產生香氣。

4 加入步驟2的食材，用中火拌炒2分鐘。起鍋後，淋在步驟1的蔬菜上面，撒上粗粒黑胡椒，附上檸檬。

Point
蒜末如果使用大火快炒就會焦黑，所以要用小火慢炒。

豆苗
鹽豆腐沙拉
佐炸牛蒡

1盤
363
kcal

享受酥脆的牛蒡香氣和美味。
口感明明清淡，卻滿足感十足。

2盤的蔬菜攝取量	豆苗 2包	+	青紫蘇 5片	+	牛蒡 ½根	= 405g

材料（2盤）
豆苗…2包（300g）
青紫蘇…5片（5g）
牛蒡…½根（100g）
木綿豆腐…½塊（150g）
鹽…⅓小匙
涼麵沾醬（3倍濃縮）
　…2大匙
太白粉…適量
A┃柚子醋醬油、橄欖油
　┃　…各2大匙
　┃山椒…適量
海苔…適量
白芝麻…2小匙
炸油…適量

1 豆苗切掉根部，切成2等分。用手撕碎青紫蘇。牛蒡依長度切成一半，並用刨刀削成薄片，再泡水5分鐘。

2 豆腐抹上鹽，用較厚的廚房紙巾包覆，放置30分鐘。

3 把步驟1的牛蒡的水充分瀝乾，浸泡過涼麵沾醬之後，塗上一層薄薄的太白粉。用170度的炸油酥炸2～3分鐘，然後撒上海苔。

4 把豆苗、青紫蘇和芝麻一起裝盤，鋪上步驟3的牛蒡，把步驟2的豆腐搯碎撒上。淋上混合好的材料A。

Point
豆腐抹上鹽之後，就可以釋出多餘的水分，成為可以即刻上桌的鹽豆腐。

薑燒豬肉沙拉

1盤
437
kcal

利用裹上大量薑汁沾醬的豬肉，
讓原本清淡的蔬菜變得回味無窮。

Point
生吃洋蔥的時候，
只要採用切斷纖維
的方式，口感就會
變得比較軟嫩。

2盤的蔬菜
攝取量

 高麗菜
¼小顆
＋ 洋蔥
½顆
＋ 甜椒（黃）
¼小顆
= 380g

材料（2盤）
高麗菜…¼小顆（250g）
洋蔥…½顆（100g）
甜椒（黃）…¼小顆（30g）
豬肉片…200g
A │ 薑泥…1瓣
  │ 酒、味醂…各2大匙
  │ 醬油…3大匙
  │ 砂糖…2小匙

沙拉油…2小匙
溫泉蛋…1顆
醋…1大匙

1 高麗菜切成略粗的條狀。洋蔥與纖維呈直角
切成薄片，泡水之後，把水瀝乾。甜椒橫切
成薄片後，一起裝盤。

2 把材料 A 充分混合備用。

3 把沙拉油倒進平底鍋，用中火加熱，放入豬
肉翻炒 1 分鐘 30 秒左右，加入步驟 2 的材
料 A，快速拌炒。

4 把步驟 3 的豬肉舖在步驟 1 的蔬菜上面，同
時放上溫泉蛋。吃的時候，再淋上醋攪拌。

胡蘿蔔番茄沙拉

1盤
294
kcal

猛然乍現般的番茄，令人眼睛為之一亮！
滿口的香甜在嘴裡擴散。

2盤的蔬菜
攝取量 胡蘿蔔 1 大根 ＋ 番茄 1 顆 ＝ 350g

Point
煎煮過的番茄會更
加香甜。整顆裝盤
也能夠增添美味感
受！

材料（2 盤）

胡蘿蔔…1 大根（200g）	A	義大利香醋…1 大匙
番茄…1 顆（150g）		蜂蜜…1 小匙
蒜頭（帶皮）…1 瓣		醬油…2 小匙
羅勒…6 片		鹽…⅓ 小匙
莫札瑞拉起司…100g		胡椒…適量
	橄欖油…2 大匙	

1 胡蘿蔔用刨刀削成薄片，並裝盤。番茄切除
蒂頭。

2 用平底鍋加熱橄欖油，放進番茄和蒜頭，用
較小的中火煎煮，直到整體呈現焦色。蓋上
鍋蓋，改用小火燜煎 10 分鐘左右，掀起鍋
蓋，關火，加入材料 **A**。

3 把起司掐碎鋪放在步驟 1 的胡蘿蔔上面，撒
上羅勒，並放上步驟 2 的番茄。用叉子等壓
碎番茄和蒜頭品嚐。

13

西瓜蘿蔔和
蕪菁的千層派沙拉

1盤
201
kcal

重疊的蔬菜加上大量的醬料！
就連外觀也充滿時尚的一道。

Point

西瓜蘿蔔遇酸後，
會變成鮮艷的粉紅
色！可以更添艷麗
色彩。

2盤的蔬菜攝取量				
	西瓜蘿蔔 ½ 顆	+	蕪菁 2 顆	= 360g

材料（2 盤）
西瓜蘿蔔…½ 顆（120g）
蕪菁…2 顆（240g）
鮮蝦（草蝦）…6 尾
A｜鹽、胡椒…各適量
　｜檸檬汁…2 大匙

B｜羅勒（切碎）
　｜　…8 片（2～3 莖）
　｜蒜泥…½ 瓣
　｜鹽…½ 小匙
　｜胡椒…適量
酒（或是白酒）…2 大匙
橄欖油…2 大匙
起司粉…2 小匙

1 西瓜蘿蔔切成 5mm 厚的半月形。蕪菁去皮，切成 5mm 厚的半月形。交錯重疊裝盤後，撒上材料 A。
2 鮮蝦連同外殼一起在蝦背切出刀痕，去除沙腸之後，在整體撒上適量的鹽、太白粉（分量外），用水清洗。
3 用平底鍋加熱橄欖油，把步驟 2 的帶殼鮮蝦放進鍋裡，用中火分別把兩面煎煮 2 分鐘，嗆入酒。
4 加入材料 B，在鮮蝦裹滿湯汁後，關火。把鮮蝦鋪在步驟 1 的上方，撒上起司粉。

南瓜拌苦椒醬
美乃滋的韓式沙拉

1盤
667
kcal

醇厚綿密的鬆軟南瓜，拌入麻辣美乃滋後，
衝擊的味道令人印象深刻。

Point

不容易熟透的南
瓜，只要預先用微
波爐加熱，就可以
縮短煎煮時間。

2盤的蔬菜攝取量							
	南瓜 300g	+	蔥 1 大根	+	萵苣 10 片	+	紅椒 1 顆	= 530g

材料（2 盤）
南瓜…300g
蔥的白色部分
　…1 大根（100g）
萵苣…10 片（100g）
紅椒…1 顆（30g）
牛肉片…150g
A｜鹽、胡椒、酒…各適量

B｜苦椒醬…2 大匙
　｜美乃滋…4 大匙
　｜蜂蜜…1 小匙
　｜白芝麻粉…1 大匙
　｜芝麻油…1 小匙
　｜一味唐辛子…適量

1 南瓜切成 2cm 丁塊狀。放進耐熱容器，稍微蓋上保鮮膜，用微波爐（600W）加熱 4 分鐘。蔥斜切成極薄的片狀，萵苣橫切成 3 等分。紅椒切絲。
2 牛肉用材料 A 預先調味。在碗裡充分混合材料 B 備用。
3 用平底鍋加熱芝麻油，用中火煎步驟 1 的南瓜，兩面各煎 1 分鐘，起鍋。接著，把步驟 2 的牛肉放進相同的平底鍋，快速拌炒 2 分鐘，再加入芝麻拌炒。關火，加入材料 B 拌勻。
4 把萵苣、蔥白、紅椒裝盤，鋪放上牛肉和南瓜後，撒上一味唐辛子。

西瓜蘿蔔和
蕪菁的千層派沙拉

南瓜拌
苦椒醬美乃滋
的韓式沙拉

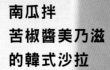

酪梨番茄的
中式黑醋沙拉

1盤
366
kcal

黏糊糊的濃厚酪梨、番茄的酸味,
和濃郁的黑醋沾醬絕妙協調!

Point

只要刺入菜刀的根部,再左右晃動菜刀,就可以輕易挖除酪梨的種籽。

2盤的蔬菜攝取量 番茄 2 顆 蔥 1 根 = 420g

材料(2盤)

酪梨…1顆	B 砂糖…½ 小匙
番茄…2顆(300g)	醬油、醋…各1大匙
榨菜(醃製)…30g	黑醋…2大匙
叉燒…50g	鹽…1撮
A 蔥…1根(120g)	芝麻油…2大匙
薑末…1瓣	白芝麻…適量

1 酪梨只要縱向切出一圈刀痕,再扭轉一下刀子,就可以分成兩半。去除種籽和外皮後,切成 2cm 丁塊狀。番茄切成大塊,榨菜切成略粗的條狀。把材料 A 的蔥切碎,直到綠色部分。

2 叉燒切條,放進碗裡,加入步驟 1 的酪梨、番茄、榨菜拌勻。

3 用平底鍋加熱芝麻油,加入材料 A,用小火拌炒。食材變軟,產生香氣之後,依序加入材料 B,快速煮沸。

4 把步驟 2 的食材裝盤,淋上步驟 3 的食材,並撒上芝麻。

菊苣焗烤沙拉

比利時料理「火腿菊苣焗烤」的創意料理！
略苦的滋味令人上癮。

Point

菊苣加熱之後，獨特的苦味就會增加，所以和濃郁的奶油類醬料相當對味！

2盤的蔬菜
攝取量　 比利時菊苣
2 大顆　＋　 生菜
1 顆　＝ 450g

材料（2 盤）

比利時菊苣…2 大顆（350g）	鹽…⅓ 小匙
生菜…1 顆（100g）	胡椒…適量
火腿…4 片	醬油…1.5 小匙
A ┌ 鮮奶油…2 大匙	檸檬汁…2 小匙
├ 牛乳…¼ 杯	奶油…2 小匙
└ 芥末粒…2 小匙	粗粒黑胡椒…適量

1　菊苣縱切成 4 等分。生菜分成 4 等分。火腿切碎。

2　把奶油溶入平底鍋，並用中火煎煮步驟 1 的菊苣的剖面，煎煮約 1 分鐘 30 秒之後，再次翻面，進一步煎煮 1 分鐘 30 秒～2 分鐘。撒上鹽、胡椒，連同生菜一起裝盤。

3　用廚房紙巾把步驟 2 的平底鍋擦拭乾淨，加入材料 A 煮沸。加入火腿和醬油，並且在起鍋時加入檸檬汁。

4　把步驟 3 的食材淋在步驟 2 的食材上方，依照個人喜好，淋上適量的檸檬汁（分量外），並撒上黑胡椒。

苦苣芹菜沙拉
佐香蒜螢烏賊

1盤
302
kcal

大量蔬菜加上多汁的螢烏賊，
裹上油之後，就可以上桌！

Point
沒有較小的平底鍋時，
就把平常使用的平底鍋
往內側傾倒，也可以立
起使用。

2盤的蔬菜攝取量 苦苣 1顆 ＋ 芹菜 ½ 小支　375g

材料（2 盤）

苦苣…1 顆（300g）
芹菜（帶葉）
　…½ 小支（75g）
A｜螢烏賊…100g
　｜蒜頭（壓碎）…2 瓣
　｜紅辣椒…1 根
　｜橄欖油…4 大匙

鹽…⅔小匙
胡椒…適量
巴西利（切碎）…適量
白葡萄酒醋…1 大匙

1　苦苣撕成容易食用的大小。芹菜的菜葉切段，莖切成 4cm 長後泡水。

2　製作蒜炒。把材料 **A** 放進較小的平底鍋內，用中火烹煮。

3　熟透之後（大約 10 分鐘左右），關火。撒上鹽、胡椒、巴西利。

4　把步驟 1 瀝乾水分的食材裝盤，淋上葡萄酒醋，趁熱的時候，淋上步驟 3 的螢烏賊。再依個人喜好，擠入 ½ 顆檸檬。

萵苣蛤蜊湯沙拉

使用整顆萵苣的活力沙拉。
確實吸收蛤蜊的鮮味。

1盤
146
kcal

2盤的蔬菜
攝取量　　　　萵苣
　　　　　　　1顆　＝ 500g

材料（2盤）
萵苣…1顆（500g）
蛤蜊（帶殼）…200g
蒜頭（壓碎）…1瓣
混合香草（乾燥）
　…½ 小匙
白酒…2 大匙
奶油…2 大匙
檸檬…½ 顆
巴西利末…適量

1 萵苣用手撕成6等分，裝盤。

2 蛤蜊浸泡在海水程度的鹽水（分量外）裡吐沙，並且把外殼搓洗乾淨。檸檬抹鹽（分量外），充分清洗乾淨，擠出原汁。把適量的皮磨成泥。

3 把蛤蜊、蒜頭和香草放進平底鍋，淋上白酒，蓋上鍋蓋，蒸煮4～5分鐘。蛤蜊殼打開後，加入奶油和2大匙檸檬汁，關火。把巴西利末和步驟 2 的檸檬皮碎末粗略地撒在步驟 1 的上方。

脆蘿蔔和水菜的
鱈魚子湯沙拉

只要讓蘿蔔和水菜的長度一致，
鱈魚子就能更加均勻且美味！

1盤
221
kcal

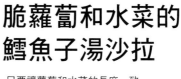

2盤的蔬菜
攝取量

蘿蔔　　　水菜　　　櫻桃蘿蔔　＝ 375g
4cm　　　1把　　　5顆

材料（2盤）
蘿蔔…4cm（100g）
水菜…1把（200g）
櫻桃蘿蔔…5顆（75g）
鱈魚子…1塊（4大匙）
薑末…½ 瓣
奶油…3 大匙
A｜檸檬汁…2 大匙
　｜醬油…1 小匙
　｜鹽…適量

1 蘿蔔切絲、水菜切成3cm長、櫻桃蘿蔔切成4等分後，裝盤。

2 鱈魚子在皮上面切出刀痕，用菜刀刮出裡面的鱈魚子。

3 把奶油溶入平底鍋，加入薑末，用小火拌炒，直到產生香氣。加入步驟 2 的鱈魚子和材料 A 攪拌，並且淋在步驟 1 的食材上面。

19

沙拉的製作從蔬菜的挑選開始！
新鮮蔬菜的選購方法

可以直接感受到蔬菜的水嫩感和咀嚼口感，正是沙拉的醍醐味。
如果蔬菜夠新鮮，光是生吃就十分美味。
確實掌握重點，再進行採購吧！

外皮的光澤
和緊實度也很重要！

吃果實的蔬菜就選用外皮緊實，外觀有鮮豔光澤的類型。甜椒和番茄要拿起來看看，重量越沉就代表味道和營養越佳。

高麗菜和萵苣
要檢查切口

新鮮菜葉的特色是，緊實感的菜葉、水嫩感的切口，以及雪白的顏色。如果切口部分變色，或是表面乾枯，就代表已經採收了一段時間。

菠菜和小松菜
要觀察菜葉

新鮮且營養豐富的菠菜和小松菜，有著深綠且豐厚的菜葉。另外，結實的根部也是其特徵。盡量避開菜葉泛黃且變色的類型吧！

蘿蔔和蕪菁
盡量選用帶葉的種類！

蘿蔔和蕪菁的葉子含有豐富的營養，建議選用帶葉的種類。選用整體帶有光澤，同時沒有鬚根或傷痕的種類。如果是帶葉的種類，有著鮮艷綠色且緊實的類型，新鮮度較佳。

飽滿結實的花蕾
就是美味的證據

綠花椰或花椰菜要選擇花蕾飽滿結實、形狀漂亮的類型。新鮮度不佳的綠花椰會略顯偏黃，花椰菜的顏色則會呈現暗淡。

黃瓜要觀察
色澤和粗細

黃瓜只要呈現深綠，同時，整顆的粗細一致，就算形狀彎曲也沒有關係。另外，也要試著觸摸表面的疙瘩，如果呈現刺痛般的尖銳程度，就是新鮮的證據。

看蒂頭
就可以知道新鮮度

要確實檢查蒂頭的切口和顏色。只要切口沒有發黑，就OK。茄子皺巴巴的蒂頭，或許很難分辨得出，只要花萼的前端越尖銳，就代表越新鮮。

Part 2

品嚐當季美味蔬菜的
「『時令』沙拉」

現在不論是什麼季節，都可以買到各種蔬菜，

不過「時令」蔬菜的營養價值則更高，也更加美味。

正因為沙拉可以直接感受到香氣、口感，

所以如果能夠注意到甜味、苦味、酸味等

蔬菜本身的味道以及季節感，就更好了。

本章匯集了代表性季節蔬菜的食譜。

料理／堤 人美 攝影／千葉 充

春季的豌豆沙拉

1盤 391 kcal

水嫩的豆類是專屬於春天的美味！
搭配清爽的酪梨沾醬一起上桌。

2盤的蔬菜攝取量	豌豆 1杯	+ 蜜糖豆 14根	+ 扁豆 6根	= 350g

材料（2盤）
豌豆…1杯（130g）
蜜糖豆…14根（140g）
扁豆…6根（80g）
A｜奶油起司…60g
　｜酪梨…1顆
　｜鹽…½小匙
　｜檸檬汁…2小匙
鹽…適量
橄欖油…1大匙
TABASCO 辣椒醬…適量

2 烹煮豆類

用鍋子把水煮沸，加入適量的鹽，放入步驟 1 的豌豆、蜜糖豆和扁豆烹煮。

1 預先處理

把豌豆放進加了 2 小匙鹽的水（2 杯）裡浸泡 15 分鐘。蜜糖豆去除粗絲。扁豆切成 2cm 長。把材料 **A** 的奶油起司放在室溫下軟化，用湯匙挖取酪梨，再用叉子等道具壓碎果肉，和剩下的材料 **A** 一起混合攪拌。

3 放涼

烹煮兩分鐘後，用濾網撈起蜜糖豆和扁豆，豌豆則在熱水中放涼。

4 完成

食材放涼之後，把水分瀝乾，裝盤，淋上橄欖油，再用湯匙等道具撈取材料 **A**，鋪在上方。淋上些許 TABASCO 辣椒醬。

春季高麗菜培根

1盤
362
kcal

利用先煎再蒸的2種技巧，
把高麗菜的甜味發揮至最大極限。

2盤的蔬菜 攝取量	春季高麗菜 ½ 顆 = 500g

材料（2 盤）

春季高麗菜…½ 顆（500g）
培根…6 片
蒜頭（切片）…1 瓣
鹽…½ 小匙
胡椒…適量
酒…3 大匙
橄欖油…1 大匙

1　高麗菜對切成半，把培根和蒜頭
片夾在菜葉之間。撒上鹽、胡椒。
2　用平底鍋加熱橄欖油，用中火煎
煮步驟 1 的高麗菜。兩面各煎 2
分鐘後，淋上酒，蓋上鍋蓋，用
最小的火蒸煮 10 分鐘左右。

Memo
大塊的高麗菜分量感十
足。經過煎煮之後，就
能更添高麗菜的香氣和
甜味。

蘆筍和半熟蛋的
小菜沙拉

1盤
311
kcal

當季的蘆筍味道濃醇且口感絕佳。
烹煮後，裹上半熟蛋和起司一起品嚐。

Point
蘆筍的內部可以利
用餘熱熟透，喜歡
清脆口感的話，建
議不要烹煮太久。

2盤的蔬菜 攝取量	綠蘆筍 12 根 + 洋蔥 ¼ 顆 = 410g

材料（2 盤）

綠蘆筍…12 根（360g）
雞蛋（恢復至室溫）…2 顆
A｜洋蔥…¼ 顆（50g）
　｜橄欖油…3 大匙
　｜白葡萄酒醋…1 大匙
　｜芥末…1 小匙
　｜鹽…½ 小匙
　｜砂糖、胡椒…各適量
起司（如果有，就用帕馬森乾酪）
　…適量

1　蘆筍切掉根部，用刨刀削掉堅硬部分的外皮。
材料 A 的洋蔥切末，和剩下的材料 A 一起混
合攪拌。
2　用鍋子把水煮沸，加入適量的鹽（分量外）。
把步驟 1 的蘆筍烹煮 3 分鐘之後，用濾網撈
起。雞蛋用加了適量的醋和鹽（分量外）的熱
水烹煮 6 分鐘後，剝除外殼。
3　趁熱的時候，把蘆筍裝盤，用手把水煮蛋剝
成對半，並淋上材料 A。用刨刀把起司削成薄
片，並撒在上方。

春季高麗菜培根

蘆筍和半熟蛋的
小菜沙拉

春
Spring

夏
Summer
強烈日照下的
鮮豔蔬菜，
為身體帶來滿滿活力！

　品嚐當季美味蔬菜的「『時令』沙拉」

夏季蔬菜的
普羅旺斯雜燴

1盤
264
kcal

稍微烹煮，享受更棒的口感。
和濃醇的巴薩米克醋相當對味。

| 2盤的蔬菜攝取量 | 南瓜 100g | + | 甜椒（黃）1顆 | + | 櫛瓜 1根 | + | 洋蔥 ½顆 | + | 小番茄 10顆 | = 630g |

材料（2盤）
南瓜…100g
甜椒（黃）…1顆（130g）
櫛瓜…1根（200g）
洋蔥…½顆（100g）
小番茄…10顆（100g）
A│橄欖油…2大匙
　│蒜頭（壓碎）…1瓣
B│水…¼杯
　│白酒…2大匙
巴薩米克醋…1大匙
鹽…½小匙
胡椒…適量
橄欖油…2小匙

2 煎煮蔬菜

用平底鍋大火煎煮步驟1
的蔬菜3分鐘。蔬菜呈現
焦色後，起鍋。

3 製作醬料

用步驟2的平底鍋加熱橄
欖油，放進小番茄，炒到
小番茄的外皮剝落為止。
加入材料B，煮沸之後，
加入巴薩米克醋，烹煮2
分鐘，收乾湯汁。

1 預先處理

南瓜切成1cm厚、3cm的
丁塊狀。甜椒切成3cm丁
塊狀。櫛瓜切成1cm厚。
洋蔥切成2cm丁塊狀。把
材料A加入切好的蔬菜中，
攪拌後，放置5～10分鐘。

4 完成

把步驟2的蔬菜倒回步
驟3的平底鍋裡，用鹽、
胡椒調味，讓食材裹滿湯
汁。

玉米苦瓜
蠶豆沙拉佐莎莎醬

味道鮮明的夏季蔬菜，只要乾煎就很美味 ♥
不輸給炎熱的辛辣醬料也相當對味。

1盤 466 kcal

Memo
蠶豆連同豆莢一起燒烤後，
蠶豆在軟嫩的豆莢中，就會
呈現蒸煮狀態，口感就會更
加鬆軟。

2盤的蔬菜攝取量　玉米 1 根　＋　苦瓜 1 根　＋　蠶豆（含豆莢）6 根　＝ **410g**

材料（2 盤）
玉米…1 根（淨重 180g）
苦瓜…1 根（150g）
蠶豆（含豆莢）
　…6 根（淨重 80g）
豬里肌肉（烤肉用）…150g
A｜鹽…⅓ 小匙
　｜胡椒…適量
　｜咖哩粉…½ 小匙
醬油…2 小匙
橄欖油…1 大匙
莎莎醬（參考 p.68）…適量

1　玉米用保鮮膜包覆，用微波爐（600W）加熱 2
　分鐘，縱切成對半之後，切成 4cm 長。苦瓜縱
　切成對半，去除種籽和瓜瓤，斜切成 1cm 厚。
　全部都抹上醬油。用材料 A 預先醃漬豬肉。

2　蠶豆連同豆莢一起，用烤網烤 10 分鐘。

3　用平底鍋加熱橄欖油，用中火烤步驟 1 的玉米
　（果實端）2 分鐘，取出。把步驟 1 的豬肉和
　苦瓜放進平底鍋，分別把兩面烤 1 分鐘 30 秒。

4　把步驟 2 的蠶豆和步驟 3 的食材裝盤，附上莎
　莎醬。

綠色的
黏糊糊沙拉

黏糊糊的汁液化成活力來源！
沒有食慾的時候，也可以輕鬆入口。

1盤 317 kcal

Memo
秋葵和同樣黏糊糊的納豆
及薯蕷一起搭配之後，營
養價值就會更加提升。

2盤的蔬菜攝取量　茄子 2 根　＋　萵苣 4 片　＋ 秋葵 4 根　＋ 蘘荷 2 顆　＋　綠辣椒 10 根　＝ **425g**

材料（2 盤）
茄子…2 根（160g）
薯蕷…100g
萵苣…4 片（160g）
秋葵…4 根（40g）
蘘荷…2 顆（30g）
綠辣椒…10 根（35g）
納豆…1 包
梅乾…1 顆
A｜涼麵沾醬（3 倍濃縮）…¼ 杯
　｜芝麻油、醋…各 1 大匙
芝麻油…2 大匙

1　茄子切滾刀塊後，泡水 5 分鐘。薯蕷泡水，切絲。
　萵苣撕成 6 等分。秋葵用適量的鹽（分量外），
　去除表面的絨毛，用熱水汆燙，切片。蘘荷斜切
　成薄片後，泡水。綠辣椒切片。

2　把步驟 1 的薯蕷鋪在盤底，再鋪上萵苣、蘘荷、
　秋葵、綠辣椒、納豆和梅乾。

3　用平底鍋加熱芝麻油，用中火把瀝乾水的茄子煎
　煮 2 ～ 3 分鐘，並鋪在步驟 2 的盤上。

4　把材料 A 混合攪拌，淋在步驟 3 的盤子上方，
　拌勻後品嚐。

玉米苦瓜
蠶豆沙拉佐莎莎醬

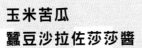

綠色的
黏糊糊沙拉

夏
Summer

秋
Autumn

顏色和形狀都和
「豐收秋天」之名
相得益彰的各式蔬菜登場。

　品嚐當季美味蔬菜的「『時令』沙拉」

秋茄的亞洲風沾醬

1盤
383
kcal

確實煎煮的茄子切碎後,立刻變身成沾醬。
黏糊糊且滑順的口感令人著迷!

2盤的蔬菜
攝取量 茄子
5根 ╋ 西洋菜
1把 ═ **430g**

材料(2盤)
茄子…5根(400g)
芋頭…4顆(240g)
西洋菜…1把(30g)
蒜頭(帶皮)…1瓣
A│橄欖油…4大匙
 │魚露…1大匙
 │檸檬汁…1小匙
 │胡椒…適量
橄欖油…2小匙

2 煎煮茄子和蒜頭
用烤網烤茄子和蒜頭12
分鐘,直到外皮呈現黑色
後,剝除外皮。

1 切蔬菜
茄子用菜刀縱切出數條刀
痕。芋頭切成1cm厚,
抹上少許的鹽(分量外),
把黏液清洗乾淨。西洋菜
切成段狀。

3 製作沾醬
茄子切除蒂頭,和蒜頭一
起切成碎末。放進碗裡,
加入材料 A 攪拌,調味。

4 完成
用平底鍋加熱橄欖油,用
小火煎步驟1的芋頭5分
鐘(無法熟透的時候,就
先用微波爐〈600W〉加
熱4分鐘,再用大火煎
煮)。連同步驟3的沾
醬一起裝盤,鋪放上西洋
菜。

花椰菜和
百合根的蔬菜咖哩

1盤
208
kcal

「小火燉煮」出熱呼呼口感的訣竅。
也可以依個人喜好，加上咖哩粉。

Memo
蔬菜咖哩是印度料
理之一，燉煮蔬菜
的一種。有時也會
在拌炒後進行燜煮。

2盤的蔬菜
攝取量　 花椰菜
1顆 ＋ 百合根
1顆 ＝ 370g

材料（2盤）
花椰菜…1顆（300g）
百合根…1根（70g）
蘑菇…4朵
A｜橄欖油…2大匙
　｜孜然…1小匙
　｜紅辣椒…1根
　｜蒜頭（壓碎）…1瓣
　｜薑絲（略粗）…1瓣
B｜水…4大匙
　｜鹽…½小匙

1　花椰菜分成小朵。百合根切掉根部，並
　　逐片切開。蘑菇切成對半。材料 A 的紅
　　辣椒折成對半，去除種籽。
2　把材料 A 放進平底鍋，用小火加熱，產
　　生香氣後，加入步驟 1 的食材和材料 B，
　　蓋上鍋蓋，燜煮 5 分鐘左右。

根莖蔬菜和
柿子拌芝麻豆腐

1盤
356
kcal

Point
蓮藕要用不鏽鋼製
的鍋子，或是琺瑯鍋
烹煮。如果採用鋁製
鍋，顏色就會因化學
變化而變成灰色。

豆腐拌料讓根莖蔬菜顯現溫和口感。
和柿子的清爽甜味格外契合。

2盤的蔬菜
攝取量　 蓮藕
1小節 ＋ 牛蒡
½根 ＋ 大豆（水煮）
60g ＝ 410g

材料（2盤）
蓮藕…1小節（250g）
牛蒡…½根（100g）
大豆（水煮）…60g
柿子…½顆
檸檬汁…適量
A｜嫩豆腐…½塊（150g）
　｜鮮奶油…2大匙
　｜白芝麻醬…1大匙
　｜砂糖、味醂、醬油…各1小匙
　｜鹽…⅓小匙

1　蓮藕切成 5mm 厚的扇形，泡水。牛蒡用菜刀的刀背
　　削掉外皮，切成 3cm 長的條狀。柿子切成扇形，淋
　　上檸檬汁。
2　把材料 A 放進食物調理機，攪拌至滑溜程度（如果沒
　　有食物調理機，就把豆腐放進濾網等道具裡過篩，加
　　入剩下的材料攪拌）。
3　用不鏽鋼製的鍋子把水煮沸，加入適量的醋和鹽（分
　　量外），把步驟 1 的蓮藕和牛蒡放進鍋裡烹煮 3 分鐘，
　　用濾網撈起。稍微放涼之後，放進碗裡，依序加入大
　　豆、柿子、步驟 2 的食材，充分攪拌後，裝盤。

32　Part 2 品嚐當季美味蔬菜的「『時令』沙拉」

根莖蔬菜和
柿子拌芝麻豆腐

花椰菜和
百合根的蔬菜咖哩

冬
Winter

承受嚴酷寒冬的
冬季蔬菜，
充滿美味和營養。

搓鹽蘿蔔和水芹的香味沙拉

1盤
377
kcal

鮮明的香氣挑逗食慾。
因為搓過鹽，所以更容易入味！

| 2盤的蔬菜攝取量 | 蘿蔔 1/6 根 | + | 蘿蔔的葉子 50g | + | 水芹 1 把 | = 420g |

材料（2盤）
蘿蔔…1/6根（200g）
蘿蔔的葉子…50g
水芹…1把（170g）
雞絞肉…200g
A｜水…1/2杯
　｜酒…1大匙
　｜梅乾（敲碎）…1/2顆（1/2大匙）
　｜鹽…1/4小匙
B｜芝麻油、檸檬汁…各2大匙
　｜醬油…1小匙
鹽…1/4小匙

2 用鹽搓揉蔬菜

蘿蔔切絲，蘿蔔的葉子切成2cm長，水芹切成4cm長。全部放進碗裡，撒上鹽，蔬菜變軟，釋出水分之後，掐緊擠掉湯汁。

1 製作醬料

在鍋裡混合材料A，加入絞肉，用數根筷子充分攪拌。絞肉變得鬆散之後，改用中火，一邊充分攪拌，烹煮5分鐘左右。材料B混合備用。

3 完成

把步驟2的食材放進步驟1的碗裡，加入材料B攪拌。

1盤
260
kcal

小松菜
佐油漬沙丁魚
沙拉

在維持清脆口感的狀態下，
增添香氣，讓味道更具層次。

2盤的蔬菜
攝取量　　小松菜　＝ 400g
　　　　　2 小把

材料（2 盤）

小松菜…2 小把（400g）

A｜油漬沙丁魚…80g
　｜蒜頭碎…1 瓣
　｜紅辣椒（切片）…1 根

鹽…少許
醬油…1 小匙
橄欖油…1 大匙
白芝麻粉、檸檬汁…各 1 大匙

1 小松菜在根部切出十字刀痕，切成對半。

2 用平底鍋加熱橄欖油，並且放入步驟 1 的小
　松菜。撒上鹽，用大火煎煮，一邊用鍋鏟按
　壓，兩面各煎煮 4 分鐘後，裝盤。

3 把材料 A 放進相同的平底鍋裡，用小火快
　速拌炒。用醬油調味，鋪放在步驟 2 的小松
　菜上方，撒上芝麻，並淋上檸檬汁。

Point
煎煮小松菜的時
候，只要用鍋鏟
加以按壓，就算
不切成小段，仍
舊可以快速熟透。

1盤
314
kcal

下仁田蔥和
綠花椰的
卡芒貝爾沾醬沙拉

裹上味噌和起司的濃醇蔬菜，令人大快朵頤。
同時也能夠享有充足的飽足感！

2盤的蔬菜
攝取量　　下仁田蔥　＋　綠花椰　＝ 400g
　　　　　1 根　　　　　1 小顆

材料（2 盤）

下仁田蔥…1 根（200g）
綠花椰…1 小顆（200g）
卡芒貝爾乾酪…1 個（100g）
迷迭香…1 支

A｜味噌…½ 小匙
　｜醋…½ 大匙
　｜砂糖…1 撮
　｜橄欖油…1 大匙

橄欖油…2 小匙
鹽、胡椒　各適量

1 下仁田蔥的白色部分斜切出刀痕，切成 5cm
　長。綠花椰分切成小朵。

2 用平底鍋加熱橄欖油，放進步驟 1 的食材，
　一邊偶爾翻動，一邊用大火煎煮 3 分鐘。撒
　上鹽、醬油、2 大匙的水，蓋上鍋蓋，用小
　火燜煮 2 分鐘。

3 卡芒貝爾乾酪切下上方的堅硬部分，撒上迷
　迭香的葉子，用烤箱烘烤 3 分鐘左右。材料
　A 混合備用。

4 把步驟 2 的食材和起司裝盤，淋上材料 A。

Point
切出刀痕，就可
以加快熟透的速
度。味道也更容
易滲入。

小松菜佐
油漬沙丁魚
沙拉

下仁田蔥和
綠花椰的
卡芒貝爾沾醬沙拉

冬
Winter

37

維持美味與鮮度！
蔬菜的保存技巧

保存蔬菜的重點是，
盡量避免破壞味道和營養、防止乾燥，
同時避免接觸到空氣。
保存的蔬菜請在2～3天內吃完。

菠菜和小松菜
使用紙巾＋塑膠袋

菜葉蔬菜容易乾燥，營養也會隨著時間流失，所以應先用廚房紙巾包裹（亦可以稍微沾濕後再包裹），再放進塑膠袋裡，冷藏保存於冰箱蔬果室。

綠蘆筍
將穗尖朝上，冷藏保存

蘆筍把穗尖朝上立放保存，就可以維持新鮮度。把寶特瓶或牛奶罐切成適當高度，再把包上保鮮膜的蘆筍立放在容器中即可。

成熟的番茄
裝進塑膠袋裡冷藏保存

番茄裝入塑膠袋，盡可能擠出空氣後，綁起袋口，放進蔬果室保存。如果溫度太低，就會導致味道變差，所以要多加注意。綠色未熟的番茄可以放在室溫下，就能逐漸熟成。

切塊南瓜在處理過後，
用保鮮膜包裹冷藏保存

市面上常會有切塊的南瓜。如果南瓜塊上有種籽和瓜瓤，南瓜就容易腐爛，所以務必加以去除，同時要用保鮮膜緊密包覆，避免果肉接觸到空氣，再放進蔬果室保存。

綠花椰
分成小朵後保存

綠花椰分切成小朵，烹煮後再放涼（不需要泡水），利用鋪上廚房紙巾的密封容器冷藏保存。因為分成小朵，所以同時具備有可以馬上使用的優點。

帶葉的蔬菜，
就把葉子和果實分開保存

蘿蔔或蕪菁等帶葉的蔬菜，如果直接保存，營養和水分就會直接被葉子所吸收。所以買回家後，要把葉子切掉，分別用廚房紙巾把果實和葉子包起來保存。

Part 3

受歡迎的傳統&創新！
「Daily salad BEST5」

本章介紹的是，
家庭中最常製作的5種「傳統」沙拉，
以及各別加上變化的「創新」沙拉。
「正因為常吃，所以希望可以更加美味」、
「希望挑戰全新的味道」，
實現這些需求的食譜就在這裡。

料理／堤　人美　攝影／千葉　充

Daily Salad 1
生菜沙拉

傳統

生鮮萵苣番茄沙拉

1盤 200 kcal

利用簡單的調味，
徹底感受蔬菜的水嫩、清脆。

2盤的蔬菜攝取量　生鮮萵苣 1顆 ＋ 番茄 1顆 ＝ 450g

材料（2盤）
生鮮萵苣…1顆（300g）
番茄…1顆（150g）
里肌火腿…2大片
鹽…⅓小匙
特級初榨橄欖油…2大匙
檸檬…½顆
胡椒…適量

1 預先處理
用手把生鮮萵苣撕成容易食用的大小，泡水。番茄切成瓣狀。火腿切成容易食用的大小。

2 煎煮蔬菜
利用蔬菜脫水盆等道具，把生鮮萵苣的水分充分瀝乾。

3 製作醬料
把步驟2的生鮮萵苣、番茄、火腿裝盤，撒上鹽、橄欖油和胡椒。擠上檸檬汁。

2盤的蔬菜攝取量				= 470g
綠花椰 65g	綠蘆筍 6根	四季豆 1包	苦瓜 ½根	

材料（2盤）

綠花椰…65g
綠蘆筍…6根（180g）
四季豆…1包（150g）
苦瓜…½根（75g）
A 雞蛋…2顆
　披薩用起司…40g
　鹽、胡椒…各適量
奶油…2小匙
美乃滋、胡椒…各適量
鹽…¼小匙

1 綠花椰分切成小朵。蘆筍切掉根部，用刨刀削掉堅硬部分的外皮。苦瓜去除種籽和瓜瓤，切片後，用鹽搓揉，放置5分鐘後，擠掉釋出的多餘水分。

2 用鍋子把水煮沸，放入步驟1的綠花椰、蘆筍和四季豆，烹煮2分鐘30秒後，用濾網撈起，放涼之後，把蘆筍斜切成3等分，四季豆切成對半。和步驟1的苦瓜一起裝盤。

3 把奶油溶入平底鍋，一口氣倒入混和好的材料A，用數根筷子一邊攪拌，製作出炒蛋。把炒蛋鋪放在步驟2的食材上方，擠出線條狀的美乃滋，撒上胡椒。

Memo

用鮮豔綠色美麗妝點盤子。除外也建議使用豆類或高麗菜、扁豆等蔬菜。

創新

1盤 258 kcal

鬆軟雞蛋的
溫熱綠蔬菜沙拉

裝滿一整盤的綠色蔬菜，
利用豐富的維他命和雞蛋增添分量！

創新

白菜蘋果
雞柳的日式沙拉

1盤 362 kcal

白菜的清脆口感絕佳！
利用柚子胡椒製作出清爽味道。

2盤的蔬菜攝取量	白菜 3片	分蔥 2根	= 350g

材料（2盤）

白菜…3片（300g）
分蔥…2根（50g）
蘋果…½顆
雞柳…3條
A 鹽…¼小匙
　胡椒…適量
　酒…1大匙
B 醋…2大匙
　橄欖油…4大匙
　醬油…½大匙
　柚子胡椒…½小匙

1 白菜把菜葉和菜梗分開，切成5cm長的細條。分蔥斜切。蘋果切成扇形，浸泡在鹽水（分量外）中。材料B攪拌備用。

2 雞柳用材料A預先調味，用保鮮膜稍微包覆，用微波爐（600W）加熱3分鐘。放涼之後，撕成細絲。

3 把步驟1的白菜和分蔥、瀝乾水分的蘋果和步驟2的雞柳一起放進碗裡，加入材料B拌勻。

Daily Salad 2
凱撒沙拉

1 預先處理
把蘿蔓萵苣切成 3cm 長，洋蔥切片。把材料 A 的鯷魚搗碎，和剩下的材料 A 一起混合。

2 製作酥脆培根
把培根放進平底鍋，用略小的中火炒 2～3 分鐘。產生油脂的時候，要利用廚房紙巾吸除油脂。煎得酥脆之後，鋪放在廚房紙巾上，把長度折成對半。

傳統

簡易凱撒沙拉

1盤
372
kcal

把起司風味的白醬和溫泉蛋，
鋪放在菜葉蔬菜上方。

2盤的蔬菜攝取量			
	蘿蔓萵苣 2 顆	＋ 洋蔥 ¼ 顆	＝ 350g

材料（2 盤）
蘿蔓萵苣
　…2 顆（300g）
洋蔥…¼ 顆（50g）
培根…4 片
溫泉蛋（市售）…1 顆
A｜鯷魚…3 片
　｜美乃滋、起司粉、牛乳
　｜　…各 2 大匙
　｜蒜泥…適量
巴西利粉、黑胡椒…各適量

3 製作醬料
把步驟 1 的蘿蔓萵苣和洋蔥、步驟 2 的培根一起裝盤，淋上材料 A。放上溫泉蛋，撒上巴西利粉和黑胡椒。

2盤
的蔬菜
攝取量

高麗菜
¼ 顆

沙拉菠菜
1 把

小番茄
5 顆

= 410g

材料（2盤）
高麗菜…¼ 顆（300g）
沙拉菠菜…1 把（60g）
小番茄…5 顆（50g）
雞腿肉…1 片（250g）
A ｜鹽…¼ 小匙
　｜胡椒…適量
B ｜美乃滋、起司粉、
　｜　牛乳…各 2 大匙
　｜鯷魚…2 片
　｜蒜泥…適量
　｜咖哩粉…½ 小匙
　｜辣醬油…1 小匙
橄欖油…1 小匙
黑胡椒…適量

1　高麗菜切成一口大小，泡水，把水分瀝乾。沙拉菠菜切除根部，切成 2〜3 等分。小番茄切成對半。把所有食材裝盤。把材料 B 的鯷魚剁碎，和剩下的材料 B 混合。

2　雞肉用材料 A 預先醃漬。用平底鍋加熱橄欖油，雞皮朝下放進鍋裡，一邊用鍋鏟等道具按壓，用中火煎煮 5 分鐘。翻面後，再次煎煮 4 分鐘，當有油脂泌出時，就用廚房紙巾把油吸乾。

3　把步驟 2 的雞肉切成一口大小，鋪放在步驟 1 的蔬菜上方。淋上材料 B，撒上黑胡椒。

Daily Salad

創新

高麗菜雞排凱撒沙拉

1盤 447 kcal

添加辣醬油，用來提味。
製作出濃郁和層次，不輸給專家的味道！

創新

日式豬肉片凱撒沙拉

1盤 319 kcal

用青紫蘇和醬油、炸麵衣製作出和風味道。
濃醇依舊，口感卻十分清爽。

2盤
的蔬菜
攝取量

萵苣
½ 顆

黃瓜
1 根

青紫蘇
5 片

= 355g

材料（2盤）
萵苣…½ 顆（250g）
黃瓜…1 根（100g）
青紫蘇…5 片（5g）
豬里肌肉（涮涮鍋用）
　…100g
A ｜美乃滋、起司粉、
　｜　牛乳…各 2 大匙
　｜鯷魚…1 片
　｜蒜泥…適量
　｜醬油…½ 小匙
炸麵衣…3 大匙

1　萵苣切成一口大小，泡水。用刨刀把黃瓜的外皮削成條紋狀，切成縱長的滾刀塊。青紫蘇用手撕碎。把材料 A 的鯷魚剁碎，和剩下的材料 A 一起混合。

2　用鍋子把水煮沸，用 60 度左右的熱水汆燙豬肉，變色之後，用濾網撈起。

3　把萵苣的水瀝乾，和黃瓜、青紫蘇、步驟 2 的豬肉一起混合裝盤。撒上炸麵衣，淋上材料 A。

1 預先處理

馬鈴薯泡水，切成 4 等分。胡蘿蔔縱切成對半。用加了適量的鹽（分量外）的熱水一起烹煮。洋蔥切片，泡水。黃瓜把外皮削成條紋狀，在砧板上搓揉後，切片。水煮蛋切成大塊，火腿切成 7mm 寬。

2 讓馬鈴薯的水分揮發

當竹籤可以刺穿馬鈴薯和胡蘿蔔之後，就可以取出，把胡蘿蔔切成扇形。倒掉鍋子裡的熱水，重新放回馬鈴薯，開火，一邊晃動鍋子，讓水分揮發。

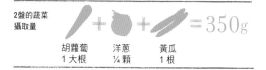

Daily Salad 3
馬鈴薯沙拉

傳統

王道！
馬鈴薯沙拉

1盤
423
kcal

調味湯汁充分入味的絕佳馬鈴薯沙拉。
胡蘿蔔不切成小塊烹煮，就會更加美味！

2盤的蔬菜
攝取量

胡蘿蔔 ＋ 洋蔥 ＋ 黃瓜 ＝350g
1 大根　　¼ 顆　　1 根

材料（2 盤）
馬鈴薯…3 顆（450g）
胡蘿蔔…1 大根（200g）
洋蔥…¼ 顆（50g）
黃瓜…1 根（100g）
水煮蛋…1 顆
火腿…2 片
A │ 美乃滋…3 ～ 4 大匙
　│ 醋…2 小匙
　│ 鹽…½ 小匙
　│ 胡椒…適量

3 完成

把馬鈴薯放進碗裡壓碎，用材料 A 調味。加入胡蘿蔔、黃瓜、火腿攪拌。裝盤後，放上水煮蛋和瀝乾水分的洋蔥。

2盤的蔬菜
攝取量  350g

綠花椰 巴西利
1顆 50g

材料（2盤）
馬鈴薯…2顆（300g）
綠花椰…1顆（300g）
薩拉米香腸…30g
A 水…3大匙
　 鹽…⅓小匙
　 胡椒…適量
巴西利醬（參考 p.68）
…全量

1 馬鈴薯切成 7mm 厚的扇形，泡水。綠花椰切成略小的小朵，莖的部分切成滾刀塊。薩拉米香腸切片。

2 把馬鈴薯和綠花椰放進平底鍋，加入材料 A，蓋上鍋蓋，用小火燜煮 6～7 分鐘。掀開鍋蓋，如果還有水分殘留，就稍微增強火力，把水分燒乾。

3 把步驟 2 的食材放進碗裡，加入薩拉米香腸、巴西利醬拌勻。裝盤後，依個人喜好，撒上胡椒。

Memo

藉著拌入大蒜與鯷魚做成的抹醬，就能嚐到下酒菜般的口感。

創新
綠花椰的
綠色馬鈴薯沙拉
1盤
822
kcal

加了營養價值極高的巴西利和綠花椰，
製作出微苦&辛辣的成人風味的馬鈴薯沙拉。

創新
花椰菜和蕪菁
的馬鈴薯沙拉
1盤
464
kcal

磨成泥的白色蔬菜滑嫩順口。
加入干貝之後，就會變得更加美味！

2盤的蔬菜
攝取量 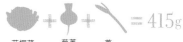 415g

花椰菜 蕪菁 蔥
½顆 2顆 10cm

材料（2盤）
馬鈴薯…2顆（300g）
花椰菜…½顆（150g）
蕪菁…2顆（240g）
蔥…10cm（25g）
干貝…4顆
牛乳、鮮奶油
　…各2大匙
A 水…½杯
　 清湯粉…¼小匙
B 鹽…½小匙
　 胡椒…適量
奶油…適量
酒、醬油…各1小匙

1 馬鈴薯切成一口大小，泡水。花椰菜切成小朵。蕪菁去皮，切成 4～6 等分。蔥切成 2cm 長。

2 用平底鍋溶解 3 大匙的奶油，用較小的中火翻炒步驟 1 的食材 2 分鐘。加入材料 A，蓋上鍋蓋，用小火燜煮 10 分鐘。

3 把鍋子從爐子上移開，用搗碎器壓碎食材，加入牛乳、鮮奶油，一邊用小火燉煮 4～5 分鐘。用材料 B 調味，裝盤。

4 把平底鍋擦拭乾淨，溶入 2 小匙奶油，用大火煎煮干貝，兩面各煎煮 30 秒，淋上酒和醬油，讓干貝裹上湯汁，鋪放在步驟 3 的食材上方。

材料（2盤）
高麗菜…¼ 小顆（250g）
黃瓜…1 根（100g）
胡蘿蔔…3cm（30g）
洋蔥…¼ 顆（50g）
鮪魚罐…1 罐（80g）
A｜美乃滋…3 大匙
　｜醋…1.5 大匙
　｜胡椒…適量
鹽…½ 小匙

1 預先處理
高麗菜、黃瓜和胡蘿
蔔切絲。洋蔥切片，
泡水。鮪魚罐把油瀝
乾，用手揉散。材料
A 混合備用。

2 蔬菜搓鹽
把步驟 1 的高麗菜、
黃瓜、胡蘿蔔放進碗
裡，撒鹽後，充分搓
揉。放置 5 分鐘後，
把水分充分擠乾。

3 製作醬料
把步驟 2 的蔬菜和步
驟 1 瀝乾水分的洋蔥、
鮪魚放進碗裡，用材
料 A 加以拌勻。

Daily Salad 4
高麗菜沙拉

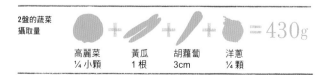
傳統

1盤
281
kcal

美式高麗菜沙拉

蔬菜變軟嫩後，味道也格外有層次。
可以吃下較多分量，也是令人欣喜的優點♪

2盤的蔬菜攝取量	高麗菜 ¼ 小顆	黃瓜 1 根	胡蘿蔔 3cm	洋蔥 ¼ 顆	430g

2盤 的蔬菜 攝取量	● + ／／	= 350g
	高麗菜 ¼ 顆　黃瓜 1 根	

材料（2 盤）
高麗菜…¼ 小顆（250g）
黃瓜…1 根（100g）
白灼蝦…6 尾
核桃（點心用）…40g
A｜鳳梨（罐頭）…1 片
　｜甜辣醬（市售）
　｜　…1 小匙
　｜美乃滋…3 大匙
　｜優格…2 大匙
　｜鹽…¼ 小匙
鹽…¼ 小匙

1 高麗菜切成略粗的細條。黃瓜把外皮削成條紋狀，切片。放進較大的碗裡，撒上鹽搓揉，放置 5 分鐘。
2 鮮蝦去掉外殼和沙腸，切成塊狀。核桃切成碎塊。把材料 A 的鳳梨切成 7mm 丁塊狀，和剩下的材料 A 一起混合備用。
3 擠乾步驟 1 的蔬菜的水分，和步驟 2 的食材混合，裝盤。П

Memo
因為加了優格，所以口感清爽。也可以加入紫洋蔥或薄荷。

創新
東南亞 高麗菜沙拉

1盤
352 kcal

利用鳳梨和甜辣醬，製作出東南亞風味。優格的酸味也相當爽口。

創新
雞肉咖哩 高麗菜沙拉

1盤
460 kcal

刺激食慾的咖哩風味。乾柴的雞胸肉就浸泡在湯汁中冷卻。

2盤的蔬菜 攝取量	●	高麗菜 6 片	= 360g

材料（2 盤）
高麗菜…6 片（360g）
雞胸肉…1 片
水煮蛋（8 分熟）
　…1 顆
A｜酒…2 大匙
　｜水…3 杯
B｜醋、橄欖油
　｜　…各 2 大匙
　｜美乃滋、咖哩粉、
　｜芥末…各 2 小匙
鹽、胡椒…各適量

1 高麗菜切成略粗的細條，放進較大的碗裡，撒上 ⅓ 小匙的鹽搓揉，放置 5 分鐘。
2 把 ½ 小匙的鹽塗抹在整塊雞肉上，和材料 A 一起放進鍋裡。開大火烹煮，當表面出現浮渣之後，就改用小火，烹煮 5 分鐘，一邊避免沸騰。關火，蓋上鍋蓋，直接放涼。冷卻之後，撕成大塊。（※ 或是放進耐熱盤，撒上 2 大匙酒，蓋上保鮮膜，用微波爐〈600W〉加熱 4 分鐘）
3 把步驟 1 的高麗菜的水分擠乾，加入步驟 2 的雞肉和混合後的材料 B 拌勻。以適量的鹽、胡椒調味，鋪放上切成 4 等分的水煮蛋。

Point
趁湯汁放涼的時候，把雞肉放進湯汁裡，讓吸收了湯汁的雞肉變得軟嫩。

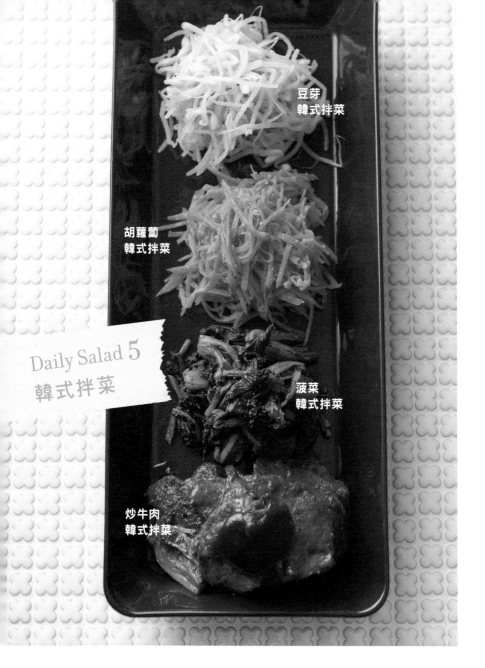

豆芽
韓式拌菜

胡蘿蔔
韓式拌菜

菠菜
韓式拌菜

炒牛肉
韓式拌菜

Daily Salad 5
韓式拌菜

菠菜
韓式拌菜

材料（2盤）
菠菜…½把（150g）
A｜黑芝麻粉…1大匙
　｜蒜泥…少許
　｜醬油…½小匙
　｜芝麻油…1大匙
　｜鹽…¼小匙
　｜胡椒…適量

1 預先處理
菠菜在根部切出十字刀痕，
利用加了適量的鹽（分量
外）的熱水汆燙。沖冷水，
擠掉水分，切成3cm長。

2 製作拌料
在碗裡混合材料A，加入步
驟1的菠菜拌勻。

豆芽
韓式拌菜

材料與製作方法（2盤）
把250g的豆芽菜清洗乾淨
後，用熱水汆燙。把水瀝
乾，趁熱的時候，把「菠
菜韓式拌菜」的材料A（把
黑芝麻粉換成白芝麻粉）
混合拌入。

胡蘿蔔
韓式拌菜

材料與製作方法（2盤）
把1大根胡蘿蔔（200g）
切成4cm長的細絲，快速
汆燙。把水瀝乾，趁熱的
時候，把「菠菜韓式拌菜」
的材料A（把黑芝麻粉換
成白芝麻粉）混合拌入。

傳統

韓式拌菜

1盤
752
kcal

蒜頭和芝麻油的黃金組合，
帶來滿滿活力和美麗！

2盤的蔬菜
攝取量

菠菜　　　胡蘿蔔　　豆芽菜
½把　　　1大根　　　250g　　= 600g

炒牛肉
韓式拌菜

材料與製作方法（2盤）
1 牛五花150g用適量的
鹽、胡椒預先調味。
2 用平底鍋加熱2小匙芝
麻油，用中火快炒泡菜
60g。加入步驟1的牛五
花，把兩面各煎1分鐘左
右，撒上1小匙的酒、2
小匙的胡椒。依照個人喜
好，附上苦椒醬。

**2盤的蔬菜
攝取量**　蠶豆 + 櫛瓜 = 400g

蠶豆
40 顆
櫛瓜
1 根

材料（2 盤）
蠶豆…40 顆
　（淨重 200g）
櫛瓜…1 根（200g）
豬絞肉…150g
蒜末…½ 瓣
A｜白芝麻粉…1 大匙
　｜起司粉…2 大匙
鹽…⅓ 小匙
胡椒…適量
酒…1 大匙
芝麻油（如果有，就用太
　白芝麻油）…1.5 大匙

1 蠶豆剝掉薄皮。櫛瓜切成 4 等分後，
　切成 1.5cm 的厚度。
2 用平底鍋加熱芝麻油，用小火拌炒
　蒜末。產生香氣之後，改用中火，
　加入絞肉，翻炒 2 分鐘。
3 加入步驟 1 的食材，撒上鹽、胡椒，
　翻炒 2 分鐘，直到食材變軟。嗆入
　酒，加上材料 A 攪拌。

創新

炒蠶豆和櫛瓜的
西式拌菜

1盤
426
kcal

起司粉的濃郁和鹹味是味道的關鍵。
適合搭配啤酒的下酒小菜。

創新

番茄紅椒
火腿拌菜

1盤
17?
kcal

不用開火就可製作的簡易拌菜。
切好食材再拌勻，就可以立刻上桌！

**2盤的蔬菜
攝取量**　番茄 + 甜椒（紅）= 450g

番茄
2 顆
甜椒（紅）
1 顆

材料（2 盤）
番茄…2 顆（300g）
甜椒（紅）…1 顆（150g）
火腿…2 片
A｜蒜泥…少許
　｜鹽、胡椒
　｜　…各 ⅓ 小匙
　｜芝麻油、白芝麻粉
　｜　…各 1 大匙

1 番茄切成 2cm 丁塊狀。甜椒分成四
　等分之後，切成 7mm 厚。火腿切
　成對半後，切成 7mm 寬。
2 把材料 A 放進碗裡混合，加入步驟
　1 的食材裡拌勻。

Memo
番茄放置在室溫裡，直
到外皮變成鮮紅，只要
使用熟透的番茄，就可
以提升美味！

49

多餘的蔬菜也要有效應用！
快速醃菜食譜

為大家介紹，可利用些許剩餘蔬菜製作，
簡單又方便的醃菜！
在輕易攝取蔬菜的同時，口感絕佳的酸味更令人欲罷不能。

Point

只要使用夾鏈密封袋，就
不需要太多醃漬液（醃漬
熱食時，則應避免）。只
要把袋子攤平，就可以讓
醃漬液均勻分布。
※放在冰箱裡保存，在
4～5天內食用完畢。

趁熱醃漬，讓味道滲入
雙色甜椒醃菜

材料與製作方法（容易製作的分量）
1 各 ¼ 顆甜椒（紅、黃）切成滾刀
塊，再用熱水快速汆燙。
2 把 2 大匙白葡萄酒醋、2 小匙砂
糖、少許的鹽混合攪拌後，放入步
驟 1 微熱的甜椒，進行醃漬。冷卻
之後，裝進密封袋。

蘋果醋的溫和酸味
和根莖蔬菜最契合
根莖蔬菜和
鴻禧菇的醃菜

材料與製作方法（容易製作的分量）
1 蓮藕（50g）切成扇形，牛蒡
（根⅓）削片。
2 把各多於 1 大匙的蘋果醋和水、1
小匙砂糖、⅛小匙鹽、少許粗粒黑
胡椒、1 片月桂葉，放進鍋裡煮沸，
加入步驟 1 的食材和少許鴻禧菇，
烹煮 2～3 分鐘。放涼之後，裝進
密封袋。

清爽咖哩風味的簡單醃菜
洋蔥的咖哩醃菜

材料與製作方法（容易製作的分量）
1 洋蔥（½ 顆）切成 1cm 丁塊狀。
2 把 ½ 小匙咖哩粉、各 2 大匙的醋
和砂糖、⅓小匙的鹽，放進密封袋
混合，加入步驟 1 的食材醃漬。

清淡芝麻油香氣的日式醃菜
蘿蔔和
胡蘿蔔的醃菜

材料與製作方法（容易製作的分量）
1 蘿蔔（3cm）和胡蘿蔔（3cm）
分別切成長條狀，用微波爐（600W）
加熱 1 分鐘。
2 在碗裡混合 1 大匙壽司醋、各 1
小匙的芝麻油和醬油，放入步驟 1
微熱的食材，進行醃漬。冷卻之後，
裝進密封袋。

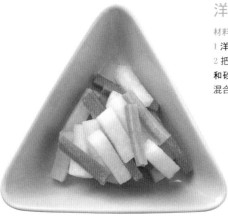

Part 4

宴客&聚餐最適合！
「宴客沙拉」

招待賓客、前往親友家作客的時候，

如果有道令人眼睛一亮的沙拉，那就太棒了！

試著和水果一起裝盤，

或是在色調和味道上下一番工夫也很有趣！

這裡要介紹給大家的是，宛如從餐廳買回家，

讓餐桌瞬間變得華麗的沙拉。

料理／堤 人美 攝影／千葉 充

白蘆筍和橘子的清爽沙拉

1盤
369
kcal

蘆筍帶皮一起烹煮，提升食材的風味。
鹽味和甜味形成絕妙的搭配！

2盤的蔬菜
攝取量 白蘆筍
12 根 ＝ 360g

材料（2盤）
白蘆筍…12 根（360g）
橘子…2 顆
雞蛋（恢復至室溫）…2 顆
生火腿…4 片
A｜義大利香醋…2 大匙
　｜橄欖油…3 大匙
　｜鹽…½ 小匙
鹽、砂糖、醋…各適量
檸檬片…3 片

2 製作沙拉醬

橘子用菜刀削掉整顆的外皮，菜刀朝中央斜切入刀，把橘子分切成小塊。剩下的薄皮擠出汁液，取2 大匙的橘皮汁，和材料A 一起混合備用。

3 製作水煮蛋

用鍋子把水煮沸，加入鹽和醋，熱水開始起泡後，用筷子攪動，讓熱水呈現對流現象，把雞蛋逐一打入漩渦中央。用叉子等工具讓蛋白聚集，等到雞蛋浮起後，用濾網等道具撈起水煮蛋，並且把水分瀝乾。依序把步驟 1 瀝乾水分的食材、步驟 2 的橘子果肉、生火腿、水煮蛋擺盤，淋上步驟 2 的沙拉醬。

1 烹煮蘆筍

切除蘆筍的根部，用刨刀削掉堅硬部分的外皮（外皮留起來備用），泡水。用較深的平底鍋把水煮沸，加入鹽和砂糖、蘆筍的外皮、檸檬片，烹煮 4～5 分鐘後，直接放涼。

春捲造型的
高麗菜手卷沙拉

1盤
437
kcal

用高麗菜替代米紙，製作出春捲。
如果大家一起捲，氣氛肯定更熱絡！

2盤的蔬菜
攝取量　 高麗菜
6片 ＋ 香菜
1把 **520g**

材料（2盤）

高麗菜…6片（360g）
香菜…1把（160g）
牛豬混合絞肉…200g
蒜末…1瓣

A｜魚露…1大匙
　｜砂糖…1小匙

鹽、胡椒、酒…各少許
沙拉油…1大匙
花生…20g

〈沾醬〉

紅辣椒（切片）…1根
蜂蜜…1小匙
蒜末…½瓣
魚露…1大匙
檸檬汁…½顆

1 高麗菜用熱水快速汆燙後，用濾網撈起，攤
　平放涼。香菜切掉根部。

2 牛豬混合絞肉先用鹽、胡椒預先調味，撒上
　酒。用平底鍋加熱沙拉油，拌炒絞肉，直到
　絞肉變得鬆散為止。

3 製作沾醬。把紅辣椒放進碗裡，倒入3大匙
　的熱水，加入蜂蜜。加入剩下的沾醬材料混
　合攪拌。

4 把步驟 1 的高麗菜捲起來，和香菜、步驟 2
　的絞肉一起裝盤，撒上花生。附上步驟 3 的
　沾醬。把個人喜好的配菜和沾醬鋪在高麗菜
　上，捲成春捲狀後食用。

酥脆！蔬菜脆片沙拉

鎖住蔬菜鮮味的脆片，
輕食般的口感，令人欲罷不能！

2盤的蔬菜攝取量	南瓜 100g	＋	胡蘿蔔 ½ 大根	＋	紅萵苣 ½ 顆	＋	幼嫩葉蔬菜 20g	= 370g

材料（2 盤）

南瓜…100g
胡蘿蔔…½ 大根（100g）
番薯…50g
紅萵苣…½ 顆（150g）
幼嫩葉蔬菜…20g

豬五花肉…150g
岩海苔…4g
鹽…⅓小匙
胡椒、太白粉…各適量
炸油…適量

Point

炸得酥脆的豬肉，如果
用手撕碎加入，就會有
麵包丁般的口感。

1 南瓜、胡蘿蔔和番薯切成 5mm 厚的薄片，同時把番薯泡水。紅萵苣撕成一口大小，泡水。

2 豬肉切成 5cm 長，撒上鹽、胡椒，放置 15 分鐘入味。用廚房紙巾擦掉釋出的水分，抹上一層薄薄的太白粉。

3 把步驟 1 的南瓜、胡蘿蔔、番薯的水分擦乾，用 160 度的炸油酥炸 7 ～ 8 分鐘。把油的溫度設為 170 度，酥炸步驟 2 的豬肉 3 分鐘。

4 把步驟 1 瀝乾水分的紅萵苣、幼嫩葉蔬菜、步驟 3 的蔬菜，放進較大的碗裡，用手把豬肉撕成容易食用的大小，加進碗裡。進一步加上岩海苔後，快速攪拌，裝盤。

骰子牛香味蔬菜沙拉

1盤 527 kcal

使用大塊牛肉，奢華的宴客沙拉 ♥
用大量的香味蔬菜品嚐清爽口感。

2盤的蔬菜 攝取量	西洋菜 2把 + 茼蒿 1把 + 洋蔥 ½顆 = 360g

材料（2盤）

西洋菜…2把（60g）

茼蒿…1把（200g）

骰子牛肉（恢復至室溫）
…200g

蒜頭（壓碎）…2瓣

紅酒…2大匙

A｜洋蔥…½顆（100g）
　｜醋、沙拉油…各2大匙
　｜砂糖…⅓小匙
　｜鹽…½小匙
　｜胡椒…適量

B｜義大利香醋…2小匙
　｜辣醬油、醬油、奶油…各1小匙
鹽…⅓小匙
胡椒…適量
沙拉油…1小匙

1 西洋菜切段。茼蒿摘下菜葉，莖斜切成薄片。一起泡水，把水瀝乾後，裝盤。

2 把材料 A 的洋蔥切末，和剩下的材料 A 一起混合攪拌。

3 在準備煎牛肉之前，先用鹽、胡椒調味。用平底鍋加熱沙拉油，放進蒜頭拌炒，產生香氣後，加入牛肉，用大火煎煮，單面各煎30秒。嗆入紅酒，加入材料 B，讓牛肉裹上湯汁後，鋪放在步驟 1 的食材上方。

4 用大火烹煮平底鍋裡剩下的湯汁30秒，淋在步驟 3 的上方，再淋上步驟 2 的材料。

黃瓜芹菜的
芒果清爽沙拉

1盤
237
kcal

意外的組合使人驚艷，
清爽的甘甜餘韻更是美味。

2盤的蔬菜攝取量 黃瓜 2根 ＋ 芹菜 1根 ＝ **380g**

材料（2盤）
黃瓜…2根（200g）
芹菜…1根（180g）
芒果…1顆
蟹肉罐…60g
A│蒔蘿…4根
　│蜂蜜…½小匙
　│檸檬汁（或是蘋果
　│　醋）、橄欖油
　│　…各2大匙
　│鹽…⅓小匙
　│胡椒…適量

1 黃瓜把外皮削成條紋狀，芹菜去除老莖，分別切成縱長的滾刀切。芒果切成2cm的丁塊狀。把黃瓜、芹菜、芒果放進碗裡，快速拌勻。

2 把材料 A 的蒔蘿切段，和剩下的材料 A 一起混合後，加入步驟1的食材裡拌勻，在冰箱裡冰鎮。

3 裝盤，撒上蟹肉。

櫛瓜干貝的
薄荷沙拉

1盤
229
kcal

歐洲常見的經典組合櫛瓜&薄荷。
吃上一口，在嘴裡擴散的清爽感使人上癮♪

2盤的蔬菜攝取量 櫛瓜 2根 ＝ **400g**

材料（2盤）
櫛瓜…2根（400g）
干貝…6顆
鹽…適量
酒…1大匙
薄荷…適量
A│橄欖油…2大匙
　│醋…1大匙
　│鹽…½小匙

1 櫛瓜切成5mm厚，撒上¼小匙的鹽，輕輕搓揉後，放置5分鐘，再把水分擠掉。

2 干貝快速洗過，切出格子狀的刀痕，抹上⅓小匙的鹽。用鍋子煮沸4杯水，加入酒、干貝，烹煮30秒。鋪放在廚房紙巾上，斜切成對半。

3 把步驟1的櫛瓜和步驟2的干貝裝盤，鋪上薄荷，淋上混合好的材料 A。

Point
生吃也相當美味的櫛瓜。搓鹽的時候，力道要放輕，以免破壞了櫛瓜的形狀。

57

沙拉再升級！
加分頂飾的簡單食譜

可以為沙拉的味道和口感畫龍點睛的頂飾。
只要在菜色過於單調、希望勾引出食慾時使用，
簡單的沙拉就會變得更加美味！

烤得恰到好處
麵包丁

製作方法
把三明治用的吐司（10～12
片切）切成骰子大小，用橄
欖油預熱的平底鍋炒至產生
焦黃色為止。

恰到好處的鹹味
成為沙拉的主角
培根片

製作方法
把培根片切成 7～8mm 寬，排
列在平底鍋中，避免相互重疊。
開小火，用廚房紙巾按壓，一
邊吸掉釋出的油脂，直到培根
變得酥脆。廚房紙巾要更換一～
二次，以吸掉多餘的油脂。
※ 在這個過程中，如果讓廚房
紙巾碰到火源，就會造成危險，
所以一定要在一旁守候！

輕食般的獨特酥脆口感！
炸餛飩皮

製作方法
用菜刀或食物剪，把餛飩皮
切成細條，用加熱至 170 度
的炸油酥炸，直到呈現焦黃
色為止。

充滿香氣的堅果
讓口感更具層次
松子

製作方法
用較小的中火加熱平底鍋，
乾炒松子。

為清淡的沙拉
增添香氣和濃郁
蒜頭片

製作方法
蒜頭橫切成薄片，並去除芯。
和橄欖油一起放進平底鍋，
用小火炒至呈現焦黃色為止。

Part 5

搭配白飯或麵食，
令人滿足的
「沙拉套餐」

如果希望一次輕鬆搞定餐點，
要不要試試加了碳水化合物的沙拉？
因為搭配了大量的蔬菜，
所以不會不小心吃下太多的白飯或麵食，
同時也可以達到營養均衡，飽足感也無可挑剔！
最適合在假日的午餐來上一盤。

料理／堤　人美　攝影／千葉　充

搭配白飯或麵食，令人滿足的「沙拉套餐」

小米墨西哥沙拉

1盤
480
kcal

刺激食慾的麻辣感,令人著迷!
以蔬菜的感覺享受小米的飯沙拉。

| 2盤的蔬菜
攝取量 | 芹菜
½ 大根 | + | 黃瓜
½ 根 | + | 甜椒(黃)
1 顆 | + | 洋蔥
¼ 顆 | = 350g |

材料(2 盤)
芹菜…½ 大根(100g)
黃瓜…½ 根(50g)
甜椒(黃)…1 顆(150g)
洋蔥…¼ 顆(50g)
小米…½ 杯(90ml)
月桂葉…1 片
巴西利粉…4 ～ 5 大匙
辣椒粉…適量

〈沙拉醬〉
西班牙辣肉腸…4 根
橄欖油…4 大匙
蒜末…½ 瓣
白葡萄酒醋…2 大匙
鹽…½ 小匙
砂糖…一撮
胡椒…適量

1 預先處理

小米放進濾網等道具中清洗,把月桂葉和大量的水一起放進鍋子裡烹煮。沸騰之後,改用小火,烹煮10 ～ 15 分鐘。芹菜和黃瓜、甜椒分別切成 5mm丁塊狀。洋蔥切末。

2 製作沙拉醬

西班牙辣肉腸切成 1cm寬。用平底鍋加熱橄欖油和蒜頭,產生香氣之後,用中火拌炒西班牙辣肉腸1 分鐘後,關火,加入剩下的沙拉醬材料(會有油噴濺,要多加注意)。

3 完成

把步驟 2 的沙拉醬加進步驟 1 瀝乾水分的小米中,趁熱的時候攪拌。稍微放涼後,加入步驟 1 的蔬菜和巴西利攪拌,暫時放置,讓味道均勻吸收。裝盤,撒上辣椒粉。

切絲蔬菜的健康蕎麥麵沙拉

2盤的蔬菜攝取量

| 蘿蔔 2cm | + | 萵苣 4 片 | + | 貝割菜 2 包 | + | 蘘荷 3 個 | = 405g |

切絲的蔬菜連同蕎麥麵一起滑溜入口。
拌入濃郁的沾醬，鎖住難忘的美味。

材料（2 盤）
蘿蔔…2cm（60g）
萵苣…4 片（160g）
貝割菜…2 包（140g）
蘘荷…3 個（45g）
竹輪…2 根
蕎麥麵（乾麵）…60g
A │ 黑醋…1.5 大匙
　│ 醬油…2 大匙
　│ 味醂…1 大匙
　│ 高湯…½ 杯
芝麻油…1 小匙

1 蘿蔔和萵苣切絲，貝割菜切除根部。蘘荷切片，泡水。竹輪切成 5mm 寬的片狀。材料 A 混合備用。

2 蕎麥麵依照包裝標示烹煮後沖水，把水瀝乾後，放進碗裡。加入步驟 1 的蘿蔔、萵苣、貝割菜、瀝乾水的蘘荷混合，裝盤。

3 用平底鍋加熱芝麻油，並用中火炒步驟 1 的竹輪 1 分鐘左右。鋪在步驟 2 的食材上方，並淋上材料 A。

Memo
蘿蔔和萵苣的口味較為清淡，只要善用頂飾或配料，就能夠百吃不膩。

酥脆鍋巴的香味沙拉

2盤的蔬菜攝取量

＋　＋　＝360g

水菜 ½把　　蘿蔔 ⅙根　　玉米筍 6根

只要加上炸物，就可以極速提升飽足感。
同時也可以為自己帶來滿滿活力。

材料（2盤）
水菜…½把（100g）
蘿蔔…⅙根（200g）
玉米筍…6根（60g）
白飯…200g
太白粉…1～2大匙
煙燻鮭魚…4片
A｜醬油…1大匙
　｜醋、沙拉油…各2大匙
黑芝麻…1大匙
炸油…適量

1 白飯用保鮮膜包裹後，用擀麵棍等道具擀成片狀，把保鮮膜攤平，鋪放在烤盤紙上，用微波爐（600W）加熱5～6分鐘。直接在烤箱裡放置15分鐘。

2 水菜切成3cm長，蘿蔔切成薄的扇形。

3 把步驟1的白飯分成容易食用的大小，沾上些許太白粉，用160～170度的炸油酥炸6～7分鐘，直到米飯變得酥脆。接著，玉米筍也要放進鍋裡酥炸。

4 把步驟2和3的食材、煙燻鮭魚放進碗裡攪拌後，裝盤。淋上混合的材料A，撒上黑芝麻。

Point
白飯擀成片狀後，就能製作出酥脆口感。酥炸時，要等表面乾掉後再炸。

長棍麵包和手撕蔬菜的
清脆沙拉

1盤
581
kcal

抹上香蒜和起司的長棍麵包，
成為沙拉中的主角！適合搭配紅酒的成熟味道。

**2盤的蔬菜
攝取量** 萵苣
5片 ＋ 特雷威索紅
菊苣 4 片 ＋ 胡蘿蔔
½ 根 ＝ 375g

材料（2 盤）

萵苣…5 片（200g）
特雷威索紅菊苣…4 片（100g）
長棍麵包…10cm
蒜頭…½ 瓣
橄欖油…2 小匙
藍乾酪…50g

A｜鹽醃牛肉…50g
　｜美乃滋…1 大匙
　｜芥末、醬油…各 1 小匙
　｜胡椒…適量
胡蘿蔔沙拉醬（參考 p.68）
　…全量

1　長棍麵包縱切成對半後，用手撕成一口大小，
把蒜頭的切口朝下，抹上蒜汁。淋上橄欖油，
鋪上撕碎的藍乾酪，用烤箱烤 3 分鐘。材料
A 混合備用。

2　萵苣和特雷威索紅菊苣用手撕成大塊，泡水，
把水充分瀝乾後，裝盤。把步驟 1 的長棍麵
包鋪在上方，淋上沙拉醬，粗略攪拌。

涼拌冬粉沙拉

1盤 350 kcal

滲入鮮蝦和豬肉精華的冬粉，
和酸辣的沾醬，絕配美味！

2盤的蔬菜攝取量				
豆芽菜 1 包	芹菜 ½ 大根	紫洋蔥 ¼ 顆	香菜 2 株	= 380g

Point

冬粉只要和肉或魚一起烹煮，就會吸入鮮味。所以要趁熱拌入醬料，充分吸收味道。

材料（2 盤）

豆芽菜…1 包（200g）
芹菜…½ 大根（100g）
紫洋蔥…¼ 顆（50g）
香菜…2 株（30g）
鮮蝦…8 尾
豬絞肉…150g
冬粉…40g

A ┌ 醋…3.5 大匙
　│ 紅辣椒（切片）…1 根
　│ 蒜末…½ 瓣
　│ 魚露…2 大匙
　└ 砂糖…½ 小匙
酒…1 大匙
鹽、胡椒…各適量

1 豆芽菜去除根鬚。芹菜和紫洋蔥切片，香菜切成 2 ～ 3cm 長的段狀。鮮蝦去殼，切開蝦背，去除沙腸。抹上適量的鹽和太白粉（分量外），用水清洗。材料 A 混合備用。

2 用鍋子把水煮沸，加入酒之後，依序放入絞肉、冬粉、步驟 1 的豆芽菜，烹煮 3 分鐘。用濾網撈起，把水瀝乾。趁熱的時候，放進較大的碗裡，加入材料 A 拌勻。

3 放涼之後，加入步驟 1 的芹菜和紫洋蔥，粗略攪拌，用鹽、胡椒調味。裝盤，鋪上香菜。

Column 5

就想一起吃！
適合沙拉的主食食譜

這本書所介紹，含豐富配菜的沙拉，
只要搭配碳水化合物，不僅可以達到營養均衡，
同時還可以達到飽足，更加耐餓。
讓自己吃得更安心的主食食譜就在這裡。

加入小米，
提高營養價值

小米飯糰

材料與製作方法
（容易製作的分量）
1 把 1 杯米（180ml）清洗乾淨，用
濾網瀝水，放進飯鍋。混入綜合小
米（市售）1 包（30g），放進適當
的水量炊煮。
2 取適量的鹽，把煮好的米飯捏成
容易食用的大小。

切碎
加進沙拉裡也很美味！

蒜香麵包

材料與製作方法
（容易製作的分量）
1 把蒜頭（1 瓣）切開，切口朝下，
把蒜汁塗抹在長棍麵包（3cm 厚，
4 片）上面，抹上少許的橄欖油。
2 用烤箱把麵包烤至酥脆為止。

咖哩香氣
挑逗食慾的簡單抓飯

咖哩風味飯

材料與製作方法
（容易製作的分量，2 ～ 3 人份）
1 把 1 杯米（180ml）清洗乾淨，
用濾網瀝水，放進飯鍋。加入 ½ 小
匙咖哩粉、1 小匙清湯粉、適當的
水量，充分攪拌後，炊煮。
2 煮好之後，攪拌整體，裝盤，鋪
上用溫水泡軟的 1 大匙葡萄乾。

適合各種沙拉。
還能增添濃郁！

起司義大利麵

材料與製作方法
（容易製作的分量）
1 依照包裝指示，用加了適量鹽巴
的熱水烹煮 100g 螺旋麵。
2 把 1 大匙橄欖油拌入烹煮好的螺
旋麵，撒上 1 大匙起司粉、少許的
黑胡椒拌勻。

冰涼的沙拉
也可以搭配溫暖的湯飯

薯蕷昆布雜炊

材料與製作方法
（容易製作的分量）
1 快速清洗 200g 白飯，用濾網
撈起。
2 用鍋子加熱 2 杯高湯，加入 2
小匙淡口醬油，烹煮步驟 1 的
白飯。
3 起鍋裝盤後，放上一撮揉開的
薯蕷昆布。

讓沙拉變得更加美味！
手工沙拉醬

從廣泛使用的基本沙拉醬，乃至以蔬菜為基礎的沙拉醬，
變化豐富的各種沙拉醬全都匯集在這裡。
利用現做的美味，提升沙拉的層次。

Basic Dressing
基本的沙拉醬

任何沙拉
都可使用的醬油基底

日式沙拉醬

材料（容易製作的分量）
醋…1.5 大匙
芝麻油…3 大匙
醬油…2 小匙
砂糖…⅓ 小匙

把所有的材料充分混合
攪拌。

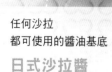

芥末和
胡椒的傳統風格

西式沙拉醬

材料（容易製作的分量）
白葡萄酒醋…1 大匙
橄欖油…3 大匙
鹽…⅓ 小匙
胡椒…適量
砂糖…一撮
法式芥茉醬…1 小匙

把所有的材料充分混合
攪拌。

充滿芝麻香氣的
濃郁滋味！

中華芝麻
沙拉醬

材料（容易製作的分量）
醋…1.5 大匙
芝麻油…3 大匙
醬油…2 小匙
砂糖…⅓ 小匙
白芝麻…2 小匙

把所有的材料充分混合
攪拌。

Arrange Dressing
加入蔬菜！
沙拉醬&
沾醬&醬料

起司和鯷魚
最適合巴西利風味

巴西利醬

材料（容易製作的分量）
巴西利…1 大袋（50g）
蒜頭…½ 瓣
綜合堅果…50g
鯷魚…2 片
A｜起司粉…30g
　｜檸檬汁…適量
鹽…½ 小匙
胡椒…適量
橄欖油…80ml

1 巴西利摘下菜葉。蒜頭去芯切碎。
2 把除了材料 A 以外的食材放進食
物調理機，攪拌至柔滑程度。
3 把步驟 2 的食材放進碗裡，把材
料 A 加進容器後，蓋上保鮮膜，避
免接觸到空氣。

芥末粒和砂糖
製作出大廚風味！

胡蘿蔔醬

材料（容易製作的分量）
胡蘿蔔…½ 根（75g）
芥末粒…1 小匙
橄欖油…3 大匙
醋…2 大匙
砂糖…¼ 小匙
鹽…½ 小匙

胡蘿蔔磨成泥，和剩下的材料一起
混合攪拌。

墨西哥風味的清爽辛辣

莎莎醬

材料（容易製作的分量）
番茄…1 顆（150g）
青椒…1 顆（30g）
黃瓜…¼ 根（25g）
洋蔥…¼ 顆（50g）
A｜檸檬汁、番茄醬…各 1 大匙
　｜鹽…½ 小匙
　｜胡椒、TABASCO 辣椒醬
　｜…各適量
橄欖油…2 大匙

1 番茄切成 7mm 丁塊狀，青椒和黃
瓜切碎。洋蔥切碎後，泡水。
2 在碗裡混合材料 A，加入橄欖油
和步驟 1 的食材混合。

溫和甘甜中的
蔬菜末畫龍點睛

千島風沙拉醬

材料（容易製作的分量）
黃瓜…⅓ 根（30g）
紅椒…½ 顆（15g）
洋蔥…¼ 顆（50g）
番茄醬、醋…各 1 大匙
鮮奶油、沙拉油…各 2 大匙
蜂蜜…1 小匙
鹽、胡椒…各適量

黃瓜、紅椒、洋蔥全部切成 5mm
丁塊狀，和剩下的材料一起混合攪
拌。

不需要醃菜的簡單塔塔醬

塔塔醬

材料（容易製作的分量）
水煮蛋…1 顆
洋蔥…¼ 顆（50g）
黃瓜…½ 根（50g）
美乃滋…3 大匙
醋…1 大匙
鹽…⅓ 小匙
胡椒…適量

1 水煮蛋切碎。洋蔥切碎，泡水 5
分鐘左右，把水瀝乾。黃瓜切成
5mm 丁塊狀。
2 把步驟 1 的食材和剩下的材料混
合攪拌。

甜、辣、酸均衡的
絕妙民族風味

香菜甜辣醬

材料（容易製作的分量）
香菜…1 株（15g）
蒜末…½ 瓣
紅辣椒（切片）…1 根
魚露…2 大匙
醋…3.5 大匙
砂糖…½ 小匙

香菜切碎，和剩下的材料混合
攪拌。

整顆番茄的清爽沾醬

番茄泥沾醬

材料（容易製作的分量）
番茄…1 顆（150g）
涼麵沾醬（3 倍濃縮）…¼ 杯
醋…2 大匙
橄欖油…1 大匙

番茄磨成泥，和剩下的材料混
合攪拌。

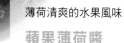

醇厚的味道，
和溫蔬菜最對味！

菠菜白醬

材料（容易製作的分量）
菠菜…4 株（120g）
白葡萄酒醋（或檸檬汁）…1 大匙
蒜泥…適量
鮮奶油…2 大匙
橄欖油…3 大匙
鹽…½ 小匙

1 菠菜用微波爐（600W）加熱 1 分
鐘 30 秒，泡水後，用菜刀剁碎。
2 把步驟 1 的食材和剩下的材料混
合攪拌。

薄荷清爽的水果風味

蘋果薄荷醬

材料（容易製作的分量）
蘋果…¼ 顆
薄荷葉…5g
蘋果醋、橄欖油…各 2 大匙
蜂蜜…2 小匙
鹽…⅓ 小匙

蘋果磨成泥，和剩下的材料混
合攪拌。

蘿蔔泥和檸檬讓餘韻更清爽

蘿蔔泥檸檬沾醬

材料（容易製作的分量）
蘿蔔…10cm（250～300g）
檸檬汁…3 大匙
醬油、橄欖油…各 2 大匙
柚子胡椒…½ 小匙

蘿蔔磨成泥，把水瀝乾，和剩
下的材料混合。

生薑風味鎖住活力味道

洋蔥生薑沾醬

材料（容易製作的分量）
洋蔥…½ 顆（50g）
薑…1 瓣（10g）
醬油、醋…各 3 大匙
砂糖…2 小匙

洋蔥和薑切成 5mm 丁塊狀，
和剩下的材料混合。

花生的濃郁和
辛辣味令人上癮！

香菜花生沾醬

材料（容易製作的分量）
香菜…1 株（15g）
花生粉…2 大匙
砂糖、醬油…各 1 大匙
醋…2 大匙
水…2～3 大匙
豆瓣醬…1 小匙

香菜切碎，和剩下的材料混合。

Close Up!

適合沙拉的油&醋

油和醋是製作沙拉醬所不可欠
缺的材料。不僅可以為沙拉畫
龍點睛，還能讓沙拉更順口！

特級初榨橄欖油

橄欖油當中未經過精
製的種類，帶有鮮明
的香氣和濃郁風味。

純花生油

花生的隱約香氣挑逗
食慾。加熱之後，濃
郁和香氣更甚！

米糠油

清淡口感就是其特
徵。由米糠和胚芽製
成，含有抗氧化作用
極高的維他命 E。

黑醋

米和大麥長時間發
酵、成熟，藉此增加
鮮味。充滿濃醇味
道。

柚子醋醬油

在酢橘或柚子等柑橘
類果汁中加入醬油或
高湯，相當容易調
味！

覆盆子醋

以紅酒為基底，再加
上覆盆子。有著均衡
的甘甜香氣和酸味。

Part 6

利用沙拉改善
身體的輕微不適！
「健康沙拉」

蔬菜所含的維他命和食物纖維等，
是維持平日健康所不可欠缺營養素。
正因為身體狀況不佳，所以才更該積極攝取。
本章節提出解決6大健康煩惱的健康沙拉。
也請參考提高營養吸收的搭配吃法。

料理／牧野直子　攝影／松木　潤（主婦之友社攝影課）

青春痘和肌膚乾燥問題！

肌膚問題

青春痘、痤瘡

同時攝取維他命C和β胡蘿蔔素，和富含維他命B₂、B₆的蛋白質。

黃麻

含有β胡蘿蔔素、維他命C和E、鈣質和鐵質，同時，也含有預防肌膚粗糙的維他命B₂、預防肌膚出油和青春痘的維他命B₆，其含量是蔬菜當中最高的。

南瓜

含有豐富的β胡蘿蔔素、維他命C和E，除此之外，其他的維他命也相當均衡，是營養價值極高的蔬菜之一。容易一次攝取多量也是其優點。

甜椒

不光是維他命C，同時也含有大量具抗氧化作用的β胡蘿蔔素！可維持肌膚、毛髮和指甲的健康，同時也具有預防青春痘的效果。

青椒

掌握美膚關鍵的營養素，維他命C是相當容易遭到破壞的營養素，而青椒的維他命C則不會因加熱而遭到破壞。同時也含有豐富的食物纖維和鉀。

搭配蛋白質一起攝取

單靠蔬菜，很難攝取到足夠的維他命B₂或B₆。因此，這裡建議搭配豬肝或鮪魚等蛋白質一起攝取。只要和蔬菜組合搭配，就能對美膚有所助益。

乾燥

利用維他命A和β胡蘿蔔素防止乾燥。建議搭配油脂一起攝取。

胡蘿蔔

含有出類拔萃的β胡蘿蔔素，會在體內轉變成維他命A，可以正常維持皮膚黏膜。只要搭配油脂攝取，就可以提高吸收率。

菠菜

含有豐富的維他命C和E、β胡蘿蔔素，同時也含有豐富的鉀、鈣和鐵質等礦物質。只要搭配動物性蛋白質一起攝取，就可以有效提升吸收率。

只要使用油，就能提升吸收率！

維他命A和β胡蘿蔔素就算經過加熱烹調，仍舊不會流失，同時具有易溶解於油的性質。只要採用香煎方式，或是和加了油的沙拉醬一起食用，就能夠提高吸收率。

番茄

含有β胡蘿蔔素和維他命C，不論經過多少時間都不容易損壞。另外，番茄的紅色色素中所含的「番茄紅素」，具有強力的抗氧化作用！

1碗
374
kcal

「肌膚問題」
改善 Point

可透過胡蘿蔔和番茄,攝取到有益肌膚的營養成分。再進一步利用含油脂的沙拉醬,提高吸收率。

胡蘿蔔番茄
雞肉沙拉

可以調整肌膚狀態的β胡蘿蔔素、維他命C、番茄紅素。
實現美麗肌膚的最強沙拉。

| 2盤的蔬菜攝取量 | | 胡蘿蔔1根 | + | 番茄1顆 | + | 幼嫩葉蔬菜20g | + | 巴西利15g | + | 洋蔥¼顆 | = 385g |

材料（2盤）
胡蘿蔔…1根（150g）
番茄…1顆（150g）
幼嫩葉蔬菜…20g
雞胸肉…150g
A 巴西利粉…15g
　洋蔥…¼顆（50g）
　法式沙拉醬（參考右記）
　　…4大匙
砂糖…1小匙
鹽、胡椒、酒…各適量

法式沙拉醬的材料
和製作方法（容易製作的分量）
白葡萄酒醋（或醋）…⅓杯
鹽…1小匙
胡椒…少許
橄欖油…⅔杯
將上述材料充分混合。

1 用刨刀把胡蘿蔔削成薄片,撒上砂糖,讓胡蘿蔔變軟。番茄切成骰子狀。材料 A 的洋蔥磨成泥,和剩下的材料 A 一起混合。

2 雞肉撒上鹽、胡椒、酒,包上保鮮膜,用微波爐（600W）加熱4分鐘,揉散（加熱時所泌出的湯汁要留下備用）。

3 把步驟 1 的胡蘿蔔的水分擠乾,放進碗裡,加入步驟 2 的湯汁加入拌勻。

4 在盤底鋪上幼嫩葉蔬菜,裝上步驟 2、3 的食材和番茄,淋上材料 A。

73

菠菜甜椒沙拉佐炒雞蛋

1碗
395
kcal

在生的高麗菜上面，鋪上香煎蔬菜和雞蛋。
可充分享受到不同口感的沙拉。

2盤的蔬菜攝取量	菠菜 ½ 把	+	甜椒（紅）⅓ 顆	+	高麗菜 2 小片	+	玉米粒 50g	= 350g

材料（2盤）
菠菜…½把（150g）
甜椒（紅）…⅓顆（50g）
高麗菜…2小片（100g）
玉米粒…50g
雞蛋…2顆
A｜起司粉…2大匙
　｜鹽、胡椒…各少許
鹽、胡椒…各適量
橄欖油…2大匙
法式沙拉醬（參考 p.73）
　…3～4大匙

1　菠菜汆燙後泡水，把水分擠乾後，切成3cm長。甜椒和高麗菜切絲。

2　用平底鍋加熱1大匙橄欖油，放進步驟1的菠菜和甜椒、玉米拌炒，撒上鹽、胡椒後，起鍋。

3　把雞蛋打在碗裡，加入材料A。把平底鍋擦乾淨，放進1大匙橄欖油加熱，倒進蛋液，製作成炒蛋。

4　把高麗菜鋪在盤底，依序鋪上步驟2、3的食材，淋上法式沙拉醬。

「肌膚問題」
改善 Point

若要攝取 β 胡蘿蔔素，熱炒比汆燙更好
菠菜加熱後，分量就會減少許多。β胡蘿蔔素在體內會變成維持肌膚滋潤的維他命A，屬於脂溶性營養素，所以熱炒的方式會比汆燙更好。

1盤
229
kcal

鮪魚、水菜、甜椒沙拉
佐黏糊糊沙拉醬

黃麻和納豆的黏糊糊成分，也是滋潤肌膚的好幫手。
和鮪魚的搭配也相當GOOD！

2盤的蔬菜攝取量				= 350g
水菜 ½ 大把	甜椒（紅）⅔ 顆	蘿蔔 2～3cm	黃麻 ½ 把	

材料（2 盤）
水菜…½ 大把（150g）
甜椒（紅）
　…⅔ 顆（100g）
蘿蔔…2～3cm（50g）
鮪魚…100g
A | 黃麻…½ 把（50g）
　 納豆（拌入沾醬）
　　…1 包
　 柚子醋醬油…2 大匙
　 橄欖油…1 大匙

1 水菜切成段狀。甜椒切絲後，快速汆燙。蘿蔔切絲，鮪魚削片。在碗裡粗略攪拌，裝盤。
2 摘下材料 A 的黃麻葉，快速汆燙後，把水分擠乾，切成碎末。和剩下的材料 A 一起混合。
3 把步驟 2 的沙拉醬淋在步驟 1 的食材上。

「肌膚問題」改善 Point

鮪魚所含的維他命 B_2、B_6，可以抑制皮脂分泌過盛，避免造成青春痘或痤瘡。

2盤的蔬菜攝取量				= 350g
南瓜 150g	洋蔥 ½ 顆	萵苣 3 小片	黃瓜 ½ 根	

材料（2 盤）
南瓜…150g
洋蔥…½ 顆（100g）
萵苣…3 小片（50g）
黃瓜…½ 根（50g）
豬肝（切片）…150g
A | 醬油…1 大匙
　 酒…2 小匙
　 薑汁…1 小匙
　 蒜泥…少許
B | 橄欖油、檸檬汁
　　…各 1 大匙
　 芥末粒、砂糖
　　…各 1 小匙
　 鹽、胡椒…各少許
太白粉、炸油…各適量

1 把豬肝浸泡在材料 A 中，靜置 15 分鐘。
2 南瓜切成和豬肝差不多大小的扇形，洋蔥切片。萵苣撕成容易食用的大小，用刨刀把黃瓜削成薄片。材料 B 混合備用。
3 用 160 度的炸油，乾炸南瓜和洋蔥。接著，讓油的溫度提升至 170 度，把太白粉塗抹在步驟 1 的豬肝上，丟進油鍋酥炸。
4 在盤底鋪上萵苣和黃瓜，依序鋪上南瓜、豬肝、洋蔥，淋上材料 B。

「肌膚問題」
改善 Point

豬肝也是富含維他命 B_2、B_6 的食材。只要搭配南瓜一起吃，就可以更有益於肌膚。

南瓜和
豬肝的酥炸沙拉

1盤
437
kcal

透過預先調味和酥炸，就可以去除豬肝特有的腥味。
也建議搭配洋蔥一起吃。

身體疲累，提不起勁……

疲勞、熱疲勞

蔥

蔥和洋蔥相同，同樣含有二烯丙基硫醚，具有使腸胃健康、促進消化的效果。缺乏食慾的時候，最適合食用。

疲勞

只要有維他命B$_1$，就可以提高作用，搭配阿離胺酸一起攝取吧！

青紫蘇

維他命 B$_1$ 的含有量是蔬菜中最多的。β 胡蘿蔔素和礦物質的含量也相當豐富。在料理中經常扮演配角，這時候就大量使用吧！

最適合搭配豬肉、鰻魚！

洋蔥

洋蔥的氣味和辛辣成分—二烯丙基硫醚切斷後，細胞就會壞死，轉換成阿離胺酸。可以提高維他命 B$_1$ 的吸收率，促進疲勞恢復和新陳代謝。

豬肉和鰻魚含有很難單靠蔬菜攝取的大量維他命 B$_1$。只要和可以有效促進維他命 B$_1$ 吸收的阿離胺酸一起攝取，便可望獲得更高的疲勞恢復效果！

熱疲勞

確實補充隨著汗水流失的鉀。

小番茄

熱疲勞的原因是鉀不足。鉀容易隨著汗水流失，所以最好可以透過飲食確實補給。番茄和小番茄含有許多的鉀。

胺基酸恢復疲勞的效果也值得期待！

苦瓜

苦瓜獨特的苦味成分·苦瓜素具有保護腸胃、促進食慾的作用，很適合用來消解熱疲勞。除了鉀之外，維他命 C 和 β 胡蘿蔔素的含量也相當豐富。

蘘荷

溫和香氣的根源是名為 α-蒎烯的成分。促進血液循環、增進食慾的作用也深受期待。只要製成配料或果汁，就可以消除熱疲勞！

綠蘆筍

含有維他命 C 和 B 群，不過，最值得矚目的成分—天門冬胺酸是胺基酸的一種。穗尖含有許多天門冬胺酸，具有恢復疲勞、提升活力的效果。

炸茄子和苦瓜、
豬肉的豐富沙拉

1碗
526
kcal

富含維他命B1的豬肉，
和蔬菜一起酥炸，轉換成滿滿的能量。

2盤的蔬菜
攝取量 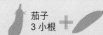 茄子
3 小根 + 苦瓜
½ 大根 + ⅔ + 香菜
1 株 = $360g$

材料（2 盤）
茄子…3 小根（180g）
苦瓜…½ 大根（100g）
黃瓜…⅔ 根（65g）
香菜…1 株（15g）
豬肉片…150g
A 醬油…½ 大匙
　酒…1 小匙
　薑汁…少許
B 芝麻風味醬（參考右記）
　…¼ 杯
　檸檬汁、魚露…各 ½ 大匙
　蒜頭（切片）、
　　紅辣椒（切片）…各少許
太白粉、炸油…各適量

芝麻風味醬的材料
和製作方法（容易製作的分量）
醋…⅓ 杯
鹽…1 小匙
胡椒…少許
芝麻油…⅔ 杯
將上述材料充分混合。

1 茄子縱切成對半，斜切出刀痕，切成一口
　大小。苦瓜去除種籽和瓜瓢，切片。黃瓜
　用刨刀削成薄片，香菜切碎。豬肉和材料
　A 混合。材料 B 混合備用。

2 用 160 度的炸油乾炸茄子和苦瓜。接著，
　把油溫加熱至 170 度，把太白粉塗抹在
　步驟 1 的豬肉上，放進油鍋裡酥炸。

3 把步驟 2 的食材和黃瓜裝盤，淋上材料 B，
　鋪上香菜。

「疲勞、熱疲勞」
改善 Point

用油來鎖住
水溶性維他命！

茄子所含的營養成分屬於
水溶性，只要包裹上油，
就不容易損壞。另外，只
要用油酥炸，就可以同時
攝取到活動所需的必要能
量，可說是一石二鳥！

番茄和
鰻魚的配料沙拉

1盤 299 kcal

利用番茄的酸味和充滿香氣的配料，
讓食慾不佳的日子也能大快朵頤。

材料（2盤）
番茄…2顆（300g）
貝割菜…1包（70g）
青紫蘇…5片（5g）
蘘荷…2顆（30g）
鰻魚（蒲燒）…1串
A │ 醬油沙拉醬（參考
　│ 下列）…¼杯
　│ 山椒粉…少許
　│ 白芝麻…2小匙

1 番茄切成瓣狀。貝割菜切除根部。
青紫蘇切成段狀，蘘荷縱切成對半
後，斜切成薄片。鰻魚切成容易食
用的大小。

2 把材料 A 放進碗裡混合，加入番茄
攪拌。加入鰻魚、貝割菜、青紫蘇、
蘘荷，粗略攪拌後，裝盤。

醬油沙拉醬的材料
和製作方法
（容易製作的分量）
醋、沙拉油…各 ½杯
鹽…⅓小匙
醬油…2大匙
將上述材料充分混合。

「疲勞、熱疲勞」
改善 Point

鰻魚所含的維他命B₁，
如果和蔥所含的阿離胺
酸結合，就可以發揮更
大的效果。

蘆筍和
豆芽菜的
微波溫沙拉

1盤 285 kcal

趕走疲倦的蘆筍和豆芽菜沙拉。
鋪疊在耐熱盤上，剩下的步驟就交給微波爐！

材料（2盤）
綠蘆筍
　…3～4根（100g）
豆芽菜…200g
蔥…½根（50g）
薑…½瓣
烤豬肉…100g
A │ 芝麻風味沙拉醬
　│ （參考 p.77）
　│ …¼杯
　│ 豆瓣醬…1小匙

1 蘆筍切除根部，斜切成片。豆芽菜
去除根鬚。蔥斜切成片，薑切絲。
烤豬肉切成容易食用的大小。

2 把豆芽菜攤放在耐熱盤上，均一鋪
上蘆筍。鋪上烤豬肉，包上保鮮膜，
用微波爐（600W）加熱 6 分鐘，
裝盤。

3 把材料 A 混合攪拌，淋在步驟 2 的
食材上方。

「疲勞、熱疲勞」
改善 Point

恢復疲勞的天門冬
胺酸，在營養飲品
當中也十分常見。
其實豆芽菜也含有
相當豐富的天門冬
胺酸。

「疲勞、熱疲勞」
改善 Point

鹽水浸泡可以舒緩苦
瓜獨特的苦味。口感
也會比搓鹽的方式更
加清脆。吃的時候，
要把水充分瀝乾。

苦瓜和豬肉片的
梅風味沙拉

319 kcal

以苦瓜和豬肉的黃金組合擊退熱疲勞！
梅子的清爽酸味也能挑逗食慾。

| 2盤的蔬菜攝取量 | 苦瓜 ½ 大根 | ＋ | 洋蔥 ¼ 顆 | ＋ | 小番茄 15 顆 | ＋ | 萵苣 3 小片 | ＝350g |

材料（2 盤）
苦瓜…½ 大根（100g）
洋蔥…¼ 顆（50g）
小番茄…15 顆（150g）
萵苣…3 小片（50g）
豬肉（涮涮鍋用）…150g
A｜蔥（綠色部分）…1 根
　｜薑（切片）…2～3 片
　｜酒…¼ 杯
梅乾…1 顆
醬油沙拉醬（參考 p.78）…¼ 杯

1 將苦瓜去除種籽和瓜瓤，切片之後和切片
的洋蔥一起浸泡鹽水（分量外）一段時
間。小番茄縱切成對半。萵苣撕成略大片
狀後，快速汆燙。梅乾把果肉敲碎，和沙
拉醬一起攪拌。

2 用鍋子把水煮沸，加入材料 A。把豬肉一
片片放入汆燙，泡水冷卻後，把水瀝乾。

3 苦瓜和洋蔥用濾網撈起，把水瀝乾，和小
番茄、萵苣、步驟 2 的豬肉一起裝盤，淋
上沙拉醬。

焦慮，無法冷靜！
壓力、失眠

選用富含維他命C和鈣質的蔬菜，以及具有鎮靜作用的香味蔬菜。

萵苣
萵苣幾乎都是水分，所以營養含量並不多，不過，仍含有鉀、鈣質和食物纖維。可以有效消除焦慮、穩定情緒，對失眠等症狀的改善也相當有效。

小松菜
鈣質具有消除焦慮的作用，小松菜所含的鈣質更是蔬菜之最。而且，小松菜和菠菜不同，不需要經過氽燙，所以營養不會流失。

芹菜
芹菜特有的香味成分具有穩定精神的作用。如果希望紓緩壓力所造成的症狀，也可以直接生吃。

芽甘藍
維他命可以製造出對抗壓力的成分。芽甘藍的含量比一般高麗菜更多，效果更值得期待。

巴西利
香味成分具有穩定精神、促進安眠的作用。同時也含有許多β胡蘿蔔素、維他命和礦物質，所以只要添加於沙拉，就可以提高營養價值。

花椰菜
淡色蔬菜中含有許多維他命C，100g 就可以攝取到80%的一日必須量。另外，花椰菜的維他命 C 耐熱程度較高，可廣泛應用於各種料理！

起司等乳製品所含的色胺酸具有助眠作用，同時鈣質穩定精神的作用也深受期待。

芽甘藍和
小洋蔥、
莫札瑞拉起司的烤沙拉

1盤
369
kcal

利用維他命C和乳製品的力量安定情緒。
圓滾滾的可愛外觀也能療癒人心。

2盤
的蔬菜
攝取量

 + = 350g

芽甘藍	小洋蔥	竹筍（水煮）
6 顆	4 顆	120g

材料（2盤）
芽甘藍…6 顆（100g）
小洋蔥…4 顆（130g）
竹筍（水煮）…120g
莫札瑞拉起司…120g
橄欖油…½ 大匙
粗粒黑胡椒…適量
法式沙拉醬
　（參考 p.73）…¼ 杯

1 芽甘藍用熱水烹煮成堅硬狀態後，縱切成對半。小洋蔥去皮，縱切成對半，竹筍縱切成 6 等分。莫札瑞拉起司切成骰子狀。

2 用平底鍋加熱橄欖油，放入芽甘藍、小洋蔥、竹筍煎煮，直到呈現焦色。

3 撒上莫札瑞拉起司，起司融化，直到周圍呈現酥脆後，撒上黑胡椒。裝盤後，淋上沙拉醬。

「壓力、失眠」
改善 Point

色胺酸是良好睡眠品質所不可欠缺的營養素。除了乳製品之外，豬肝和紅肉魚也含有色胺酸。

秋葵和豆腐的
日式沙拉

1盤
183
kcal

柔嫩的蔬菜和豆腐充滿溫和口感。
欠缺食慾的日子，也能夠一口接一口。

2盤
的蔬菜
攝取量

 + ● + // = 350g

芹菜	萵苣	秋葵
1 大根	2 片	8 根

材料（2盤）
芹菜…1 大根（200g）
萵苣…2 片（70g）
秋葵…8 根（80g）
木綿豆腐…½ 塊
A｜醬油沙拉醬
　　（參考 p.78）…¼ 杯
　｜柚子胡椒
　　…½ ～ 1 小匙
鹽…多於 ⅓ 小匙
碎海苔…少許

1 芹菜切絲，萵苣切成略粗的細條。撒上鹽，讓蔬菜變軟，把水瀝乾後，裝盤。

2 秋葵汆燙後，切成碎末。豆腐把水瀝乾，放進碗裡，加入材料 A 攪拌。把豆腐、秋葵鋪在步驟 1 的食材上方，撒上切碎的海苔。

「壓力、失眠」
改善 Point

同時攝取可以穩定情緒的芹菜和萵苣。只要搓鹽減少分量，就可以吃下更多。

身體「血液循環」滯留的狀態
肩膀痠痛、浮腫

利用活化新陳代謝的維他命E和提高體溫的蔬菜，
促進血液循環！

綠花椰
不光有維他命C和E、鈣質，同時還含有大量食物纖維的綠黃色蔬菜。維他命E就算加熱，仍舊不會有所損壞。

韭菜
除了維他命B群、C、E之外，同時也含有豐富礦物質的綠黃色蔬菜。韭菜的強烈香氣來源・阿離胺酸，具有促進血液循環，活化新陳代謝的作用。

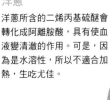

洋蔥
洋蔥所含的二烯丙基硫醚會轉化成阿離胺酸，具有使血液變清澈的作用。可是，因為是水溶性，所以不適合加熱，生吃尤佳。

蒜頭
在疲勞恢復和活力來源上相當活躍。挑逗食慾的香味成分是，促進血液循環的二烯丙基硫醚。同時也含有提高新陳代謝的增精素。

薑
薑的辛辣成分薑酚和薑辣素，具有促進血液循環，並溫暖身體的作用。本身有虛冷問題的人最適合！

蘿蔔葉、蕪菁葉
蘿蔔和蕪菁屬於淡色蔬菜，但葉子部分是營養豐富的綠黃色蔬菜。含有許多的維他命C和E、食物纖維、鐵質和鈣質，所以徹底物盡其用吧！

南瓜
就像72頁所介紹的，南瓜是富含營養的綠黃色蔬菜。其中也含有許多促進微血管血液循環、改善虛冷的維他命E。

豐富蔬菜的韓國烤肉沙拉

韭菜和蒜頭溫暖身體的效果絕佳！
體溫一旦上升，新陳代謝就會變得活躍，好處說不盡。

2盤的蔬菜攝取量						
豆芽菜 1包	+	韭菜 ½把	+ 胡蘿蔔 ⅓根	+ 蔥 ⅓根	+ 紅萵苣 2～3片	= 350g

材料（2盤）

豆芽菜…1包（200g）
韭菜…½包（50g）
胡蘿蔔…⅓根（50g）
蔥的白色部分…⅓根（20g）
牛腿肉（烤肉用）…160g
A 醬油…1.5大匙
　 酒…½大匙
　 砂糖、芝麻油、白芝麻…各2小匙
　 蒜泥…少許
紅萵苣…2～3片（30g）

1 豆芽菜去除根鬚。韭菜切成5cm長，胡蘿蔔切成略粗的細條。蔥切成白髮蔥絲。

2 牛肉抹上入材料A，入味之後，用平底鍋煎煮。

3 用鍋子煮沸熱水，加入適量的鹽和芝麻油（分量外），依序加入蒜頭、豆芽菜、韭菜，汆燙後把水瀝乾。

4 把紅萵苣、步驟3和2的食材裝盤，鋪上白髮蔥絲。依個人喜好撒上白芝麻。

「肩膀痠痛、浮腫」
改善 Point
韭菜和蒜頭等香料蔬菜是提高體溫的代表性食材。只要在加熱之後趁熱食用，就可以促進血液循環。

「肩膀痠痛、浮腫」
改善 Point

櫛瓜含有 β 胡蘿蔔素和
鉀。鉀能夠促進體內
多餘水分的排出。

南瓜和櫛瓜的
烤雞沙拉

1碗
361
kcal

提升血液循環的南瓜和洋蔥，
只要搭配櫛瓜一起食用，就可以提高活力！

2盤的蔬菜
攝取量　　　南瓜　+　櫛瓜　+　　　+　洋蔥　= **360g**
　　　　　　150g　　 ½ 小根　　　　　 ½ 顆

材料（2 盤）

南瓜…150g

櫛瓜…½ 小根（70g）

西洋菜…1 大把（40g）

雞腿肉…½ 大片

鹽、胡椒…各適量

A｜洋蔥…½ 顆（100g）
　｜法式沙拉醬（參考 p.73）…¼ 杯
　｜咖哩粉…¼ 小匙

巴西利粉…適量

1　南瓜切成容易食用的大小，櫛瓜切片。西
　　洋菜撕成容易食用的大小。材料 A 的洋
　　蔥切片，和剩下的材料 A 混合。

2　用烤網把南瓜和櫛瓜烤成焦黃色，撒上少
　　許的鹽、胡椒。

3　雞肉撒上適量的鹽、胡椒（略多），用烤
　　網烘烤。皮切成細絲，肉撕成容易食用的
　　大小。

4　把西洋菜鋪在容器上，鋪上步驟 2 和 3 的
　　食材，淋上材料 A。撒上巴西利。

2盤
的蔬菜
攝取量 　　　　　　　　　　　　　　　= 440g

蕪菁（帶葉）　甜椒（紅、黃）　洋蔥
3 小顆　　　各 ¼ 顆　　　　¼ 顆

材料（2 盤）
蕪菁（帶葉）
　…3 小顆（果實 210g、
　葉子 120g）
甜椒（紅、黃）
　…各 ¼ 顆（各 30g）
豬肉（薑燒用）…150g
A｜酒…2 小匙
　｜薑汁…1 小匙
　｜醬油…½ 小匙
B｜洋蔥泥…¼ 顆（50g）
　｜醬油、酒、味醂
　｜　…各 1 大匙
　｜薑汁…1 小匙
沙拉油…1 大匙
鹽…多於 ⅓ 小匙
炸餛飩皮（參考 p.58）
　…適量

1 蕪菁的果實縱切成 2mm 厚，撒鹽搓揉。葉子汆燙後，切碎。甜椒切成 3cm 長，快速汆燙。豬肉在材料 A 中浸泡入味。材料 B 混合備用。

2 用平底鍋加熱沙拉油，放進步驟1 的豬肉，煎煮兩面。把瀝乾水的蕪菁，放進平底鍋裡沒有食材的部位拌炒，加入材料 B 翻炒。

3 把豬肉裝盤，鋪上蕪菁和果實，撒上甜椒。鋪上炸餛飩皮。

「肩膀痠痛、浮腫」
改善 Point

把洋蔥浸泡在薑汁沾醬裡，可望提高新陳代謝。維他命E豐富的蕪菁葉也能幫助促進血液循環。

337 kcal

蕪菁和薑燒豬肉的鮮豔溫沙拉

滲入薑汁沾醬的蕪菁和豬肉，
能夠溫熱身體，促進新陳代謝

綠花椰和花椰菜、水煮蛋溫沙拉

1盤
262 kcal

把富含維他命E和鐵的堅果當成溫蔬菜的頂飾，
在享受美味的同時，促進血液循環。

2盤
的蔬菜
攝取量 　　　　　　　　　= 360g

綠花椰　　花椰菜
180g　　　180g

材料（2 盤）
綠花椰…180g
花椰菜…180g
半熟蛋…2 顆
松子（參考 p.58）
　…1 大匙
A｜法式沙拉醬
　｜（參考 p.73）
　｜、美乃滋…各 1 大匙
　｜起司粉…2 小匙
　｜鯷魚…1 片

1 綠花椰和花椰菜分切成小朵，用加了適量鹽巴（分量外）的熱水汆燙，裝盤。

2 把材料 A 的鯷魚剁碎，和其他的材料 A 一起混合備用。

3 把切成一半的半熟蛋鋪在步驟1 的食材上方，撒上松子，淋上步驟2 的沙拉醬。

「肩膀痠痛、浮腫」
改善 Point

維他命E就算加熱，營養也不會受到損壞。只要攝取溫蔬菜，身體就不容易虛冷，新陳代謝也會變得活躍。

環境變化造成身體不適
過敏、預防感冒

提高免疫力的十字花科蔬菜深受矚目。
食物纖維也能夠調整腸內環境。

牛蒡
含有大量的食物纖維,不僅
有助於消除便祕,還具有調
整腸內環境的作用。對於文
明病的預防也有所幫助。

高麗菜
高麗菜是十字花科的代表性
蔬菜。除了維他命 C、鈣質
和食物纖維之外,同時也含
有保護腸胃黏膜的維他命
U,營養滿分。

貝割菜
貝割菜就是蘿蔔的芽(= 新
芽)。發芽的時候會產生維
他命和礦物質,所以營養價
值非常高。名為褪黑激素的
成分,還可以提高免疫力。

胡蘿蔔
胡蘿蔔的色素成分 β 胡蘿蔔
素,具有提高身體抵抗力、
使黏膜維持正常的作用。另
外,或許大家都不知道,其
實胡蘿蔔所含的礦物質和食
物纖維也相當豐富。

**「第 7 營養素」
植物性化合物
備受矚目!**

蓮藕
含有許多不溶於水的非溶
性食物纖維,具有調整腸
內環境、提高免疫力的效
果。也含有維他命 C 和鉀
等營養素。

蘿蔔
同樣屬十字花科的蘿蔔,含
有維他命 C、食物纖維,和
幫助腸胃作用的消化酵素。
生吃是有效攝取這些營養的
最佳吃法。

植物性化合物是茄子、紫洋
蔥、番茄等鮮豔蔬菜的色素中
所含的營養成分。具有預防文
明病、抗老化的抗氧化作用,
同時還能夠提高免疫力。

高麗菜豆苗沙拉
佐蘿蔔泥小魚沙拉醬

1碗
339
kcal

蘿蔔泥恰到好處的辛辣口感,有著清爽風味。
可以提升免疫力,並且調整腸胃狀態。

| 2盤的蔬菜攝取量 | 高麗菜 2 片 | + 甜椒 ¼ 小顆 | + 豆苗 1 小把 | + 蘿蔔 4cm | = 370g |

材料(2盤)
高麗菜…2 片(120g)
甜椒…¼ 小顆(30g)
豆苗…1 小把(120g)
蘿蔔…4cm(100g)
油豆腐…1 塊
小魚…10g
鹽、胡椒…各少許
沙拉油…½ 大匙
醬油沙拉醬(參考 p.78)
　…¼ 杯

1 高麗菜切成 3cm 丁塊狀,甜椒切絲。豆
苗快速汆燙,切成段狀。蘿蔔磨成泥。油
豆腐切成 1cm 厚。小魚乾炒。

2 用平底鍋加熱沙拉油,放進高麗菜和甜椒
拌炒。食材變柔軟後,加入油豆腐煎煮,
撒上鹽、胡椒。

3 把步驟 2 的食材和豆苗裝盤,鋪上蘿蔔
泥。撒上小魚,淋上沙拉醬。

「過敏、預防感冒」
改善 Point

蘿蔔不僅有提高免疫力的
作用,還含有幫助消化的
澱粉酶。只要透過生吃,
就能發揮出效果,但如果
磨成泥,就能夠更加有效。

2盤 的蔬菜 攝取量	牛蒡 ½ 根	沙拉菠菜 ⅓ 把	鴨兒芹 ½ 把	番茄 1 大顆	= 350g

材料（2盤）
牛蒡…½ 根（100g）
沙拉菠菜…⅓ 把（20g）
鴨兒芹…½ 把（30g）
番茄…1 大顆（200g）
鮮蝦…6 尾
A｜芝麻風味沙拉醬
　　（參考 p.77）
　　…¼ 杯
　｜蠔油…2 小匙
酒、太白粉…各適量
炸油…適量

1 牛蒡切成火柴棒狀。沙拉菠菜和鴨兒芹切成段狀，番茄橫切成 5mm 厚。鮮蝦去殼，去除沙腸，抹上酒、太白粉。材料 A 混合備用。

2 用 170 度的炸油乾炸牛蒡，撈起。接著，乾炸鮮蝦。

3 把番茄擺盤，鋪放上鴨兒芹、沙拉菠菜、鮮蝦。最後鋪上牛蒡，淋上材料 A。

「過敏、預防感冒」
改善 Point
牛蒡也要在調理方法上稍微花點功夫。乾炸不僅可以減少分量，同時也能增添鮮味。切成容易食用的細絲後再乾炸。

1盤
302
kcal

炸牛蒡菠菜沙拉

食物纖維豐富的牛蒡和抗氧化作用絕佳的番茄，兩者搭配之後，就能更進一步提高免疫力！

白菜甜椒沙拉佐干貝沙拉醬

1盤
161
kcal

十字花科的白菜和維他命C豐富的甜椒，兩者一起搭配，確實預防感冒。

2盤 的蔬菜 攝取量	白菜 ¼ 小顆	甜椒 ¼ 小顆	紅萵苣 ⅙ 顆	貝割菜 ⅓ 包	= 350g

材料（2盤）
白菜…¼ 小顆（250g）
甜椒（橘色）
　…¼ 小顆（30g）
貝割菜…⅓ 包（20g）
紅萵苣…⅙ 顆（50g）
干貝罐…1 罐
A｜美乃滋…2 大匙
　｜山葵…½ 小匙
鹽…¼ 小匙

1 白菜把菜葉切段，菜梗縱切成細絲。撒鹽，讓白菜變軟。甜椒切成細絲後，快速汆燙。貝割菜切除根部。紅萵苣撕成容易食用的大小。干貝把干貝罐的湯汁瀝乾。

2 把瀝乾水分的白菜、甜椒、貝割菜、干貝放進碗裡，加入材料 A 攪拌。

3 紅萵苣鋪底，鋪放上步驟 2 瀝乾湯汁的食材。

「過敏、預防感冒」
改善 Point
白菜是熱量較低的菜葉蔬菜，適合當成減肥食譜。同時也含有許多食物纖維。

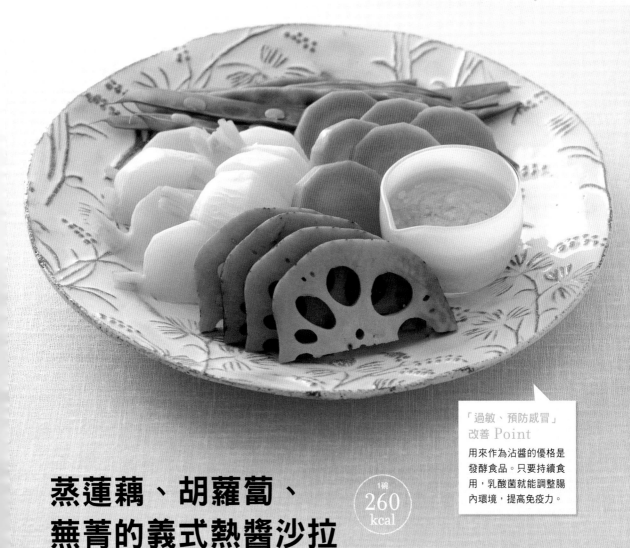

「過敏、預防感冒」
改善 Point
用來作為沾醬的優格是
發酵食品。只要持續食
用，乳酸菌就能調整腸
內環境，提高免疫力。

蒸蓮藕、胡蘿蔔、
蕪菁的義式熱醬沙拉

1碗
260
kcal

藉由蒸煮方式，鎖住甘甜的時尚沙拉。
口感絕佳的3種根莖蔬菜呵護腸胃！

2盤的蔬菜攝取量	蓮藕 ⅓ 小節	胡蘿蔔 ½ 大根	蕪菁 1 小顆	四季豆 10 根	= 350g

材料（2 盤）
蓮藕…⅓小節（100g）
胡蘿蔔…½ 大根（100g）
蕪菁…1 小顆（100g）
四季豆…10 根（50g）
A 鱈魚子…1 塊
　原味優格…2 大匙
　法式沙拉醬（參考 p.73）
　　…¼ 杯
　蒜泥…少許

1　蓮藕切成 7～8mm 厚的半月形，胡蘿蔔
　　切成 7～8mm 厚的薄片。蕪菁留下一點
　　莖，切成瓣狀。四季豆去除老筋。

2　用蒸籠蒸煮蓮藕和胡蘿蔔 10 分鐘後，加
　　入蕪菁蒸煮 5 分鐘，最後再加入四季豆
　　蒸煮 2 分鐘，裝盤。

3　在材料 A 的鱈魚子外皮切出刀痕，用菜
　　刀刮出鱈魚子，和剩下的材料 A 混合，
　　連同步驟 2 的食材一起上桌。

女性特別在意的點

貧血

選擇鐵質和葉酸較多的蔬菜。
搭配肉類和魚類 提高吸收率！

黃麻
黃麻和菠菜相同，同樣含有豐富的葉酸和鐵質。另外，食物纖維也相當豐富，含量和牛蒡差不多。適合孕婦和為貧血所苦的女性食用。

茼蒿
含有許多葉酸，同時也有很多維他命 B 群、維他命 C、食物纖維和鈣質等，有益健康身體的營養素。

菠菜
因為含有許多預防貧血所不可欠缺的鐵質，和提高吸收力的維他命 C 而為人所知。因為能夠合成紅血球，而被稱為「造血維他命」的葉酸也相當豐富！

巴西利
每 100g 的鐵質、葉酸含量相當高，缺點是無法一次攝取大量。除了用來裝飾或作為香草使用外，也可以切碎拌入沙拉或沙拉醬。

小松菜
鐵質的含量高於菠菜，葉酸也相當豐富。另外，因為含有促進骨骼形成的維他命 K，所以也可以預防和女性相關的骨質酥鬆症。

西洋菜
含有許多鐵質、葉酸、β 胡蘿蔔素等，有利於女性的營養素。香氣強烈，還有些許辛辣感，據說這個成分具有殺菌作用和抗氧化作用。

和動物性蛋白質
一起攝取

如果只有攝取植物性的鐵質，吸收率就會變差，所以要搭配動物性蛋白質，藉此提高鐵質的吸收率。其中尤屬鐵質同樣也很多的牛肉、鰹魚和鮪魚等最適合。

茼蒿和洋蔥的炙燒鰹魚沙拉

1盤 **319** kcal

鰹魚和茼蒿的搭配，預防貧血。
令人印象深刻的沙拉醬令人著迷。

「貧血」改善 Point
茼蒿含有葉酸，鰹魚含有容易吸收的血鐵質，可以製作出良好的血液。讓血液變得清澈的洋蔥也具有輔助作用！

2盤的蔬菜攝取量

| 新洋蔥 1 顆 | 甜豆 10 根 | 茼蒿（葉端）50g | = 350g |

材料（2 盤）
新洋蔥…1 顆（200g）
甜豆…10 根（100g）
茼蒿（葉端）…50g
炙燒鰹魚…150g
A 芝麻風味沙拉醬
（參考 p.77）
…¼ 杯
白芝麻…1 大匙
辣椒粉…¼ 小匙
蒜泥…少許

1 洋蔥切絲。甜豆用加了適量鹽巴（分量外）的熱水汆燙，把豆莢剝開。炙燒鰹魚切成 7 ～ 8mm 厚。材料 A 混合備用。

2 在碗裡混合洋蔥、甜豆、茼蒿、鰹魚，加入 ¾ 的材料 A 拌勻。裝盤，淋上剩下的材料 A。

1盤 **360** kcal

「貧血」改善 Point
菠菜的非血鐵質只要搭配肉類或魚類一起食用，就可以提高吸收率。如果採用肉類，建議使用牛肉，尤其是腿肉。

菠菜烤牛肉沙拉佐起司沙拉醬

葉酸只要和牛肉的維他命 B_{12} 結合，就能提高能量。
不管是外觀或營養，全都面面俱到

2盤的蔬菜攝取量

| 菠菜 ½ 把 | 水果番茄 3 顆 | 紫洋蔥 ¼ 顆 | = 350g |

材料（2 盤）
菠菜…½ 把（150g）
水果番茄…3 顆（150g）
紫洋蔥…¼ 顆（50g）
烤牛排（市售，
或參考右記）…150g
A 法式沙拉醬
（參考 p.73）
…¼ 杯
起司粉…2 大匙
芥末粒…1 小匙

1 菠菜汆燙泡水後，把水分瀝乾，切成 3cm 長。水果番茄切成 6 ～ 8 等分。紫洋蔥切片。烤牛排切片。

2 菠菜裝盤，鋪放上烤牛排，撒上洋蔥。在周圍擺上番茄。把材料 A 混合後，淋上。

烤牛排的材料與製作方法
（容易製作的分量）

1 菠從冰箱裡取出牛腿肉（烤牛排用，300g），靜置 30 分鐘，讓牛肉恢復至室溫。

2 搓入 ½ 小匙的鹽，放置 30 分鐘，把水分瀝乾，撒上少許的胡椒。

3 用平底鍋加熱 ½ 大匙的沙拉油，把肉的周圍煎煮 5 分鐘。肉產生焦色後，改用小火，蓋上鍋蓋，燜煎 7 ～ 8 分鐘，用鋁箔包裹，去除餘熱。

搶救營養不足！
危急時刻的「喝的沙拉」

高麗菜、
番茄、蘋果的
蔬果汁

1人份
35
kcal

1人份
43
kcal

胡蘿蔔和
甜椒、
萵苣的蔬果汁

1杯的蔬菜攝取量			= 175g
胡蘿蔔½ 根	甜椒（紅）½ 顆	萵苣1 小片	

材料（1杯）
胡蘿蔔…½ 根（75g）
甜椒（紅）…½ 顆（75g）
萵苣…1 小片（25g）
蘋果…¼ 顆
水…¼ 杯

胡蘿蔔、甜椒、萵苣及蘋果
切成一口大小，和水一起放
進果汁機裡打成汁。

1杯的蔬菜攝取量		= 175g
高麗菜2 小片	番茄½ 顆	

材料（1杯）
高麗菜…2 小片（100g）
番茄…½ 顆（75g）
蘋果…¼ 顆
水…½ 杯

高麗菜、番茄及蘋果切成一口
大小，和水一起放進果汁機裡
打成汁。

忙碌、缺乏食慾而無法攝取蔬菜的時候，
利用簡單的蔬菜汁，搶救營養不足。
可是，蔬菜汁仍會有營養素流失，所以還是不要過度依賴。
就把它當成「緊急時刻」的關鍵就行了！

番茄和甜椒、芹菜的西班牙凍湯

1人份
25
kcal

1人份
85
kcal

小松菜、高麗菜、香蕉的蔬果牛乳

1杯
的蔬菜
攝取量

小松菜
⅓把 ＋ 高麗菜
1大片 ＝ 175g

材料（1杯）
小松菜…⅓把（100g）
高麗菜…1大片（75g）
香蕉…1小根（80g）
牛乳…½杯

小松菜、高麗菜及香蕉切成一口大小，和牛乳一起放進果汁機裡打成汁。

1杯
的蔬菜
攝取量

番茄
½大顆 ＋ 青椒
1顆 ＋ 芹菜
¼根 ＝ 175g

材料（1杯）
番茄…½大顆（100g）
青椒…1顆（30g）
芹菜…¼根（45g）
水…2大匙
法式清湯（粉）…少於1小匙
麵包粉…1大匙

番茄、青椒及芹菜切成一口大小，和剩下的材料一起放進果汁機裡打成汁。

蔬菜類別索引
※各蔬菜類別中的料理名稱依頁數排列。

吃菜菜的蔬菜

● 苦苣
苦苣芹菜沙拉佐香蒜螢烏賊‧‧‧‧‧‧‧‧‧‧‧ 18

● 高麗菜
薑燒豬肉沙拉‧‧‧‧‧‧‧‧‧‧‧‧‧‧‧‧‧‧‧‧ 12
春季高麗菜培根‧‧‧‧‧‧‧‧‧‧‧‧‧‧‧‧‧‧ 24
高麗菜雞排凱撒沙拉‧‧‧‧‧‧‧‧‧‧‧‧‧ 43
美式高麗菜沙拉‧‧‧‧‧‧‧‧‧‧‧‧‧‧‧‧‧‧ 46
東南亞高麗菜沙拉‧‧‧‧‧‧‧‧‧‧‧‧‧‧‧ 47
雞肉咖哩高麗菜沙拉‧‧‧‧‧‧‧‧‧‧‧‧‧ 47
春捲造型的高麗菜手卷沙拉‧‧‧‧‧‧ 54
高麗菜豆苗沙拉
　　佐蘿蔔泥小魚沙拉醬‧‧‧‧‧‧‧‧‧‧ 87

● 西洋菜
萵苣和香味蔬菜的沙拉
　　佐絞肉番茄沙拉醬‧‧‧‧‧‧‧‧‧‧‧‧ 08
秋茄的亞洲風沾醬‧‧‧‧‧‧‧‧‧‧‧‧‧‧‧ 30
骰子牛香味蔬菜沙拉‧‧‧‧‧‧‧‧‧‧‧‧‧ 56

● 香菜
萵苣和香味蔬菜的沙拉
　　佐絞肉番茄沙拉醬‧‧‧‧‧‧‧‧‧‧‧‧ 08
春捲造型的高麗菜手卷沙拉‧‧‧‧‧‧ 54

● 小松菜
小松菜佐油漬沙丁魚沙拉‧‧‧‧‧‧‧‧‧ 36

● 生菜
菊苣焗烤沙拉‧‧‧‧‧‧‧‧‧‧‧‧‧‧‧‧‧‧‧‧ 17

● 萵苣
南瓜拌苦椒醬美乃滋的韓式沙拉‧‧‧‧‧ 14

● 茼蒿
骰子牛香味蔬菜沙拉‧‧‧‧‧‧‧‧‧‧‧‧‧ 56
茼蒿和洋蔥的炙燒鰹魚沙拉‧‧‧‧‧ 91

● 特雷威索紅菊苣
長棍麵包和手撕蔬菜的清脆沙拉‧‧‧‧‧ 64

● 韭菜
豐富蔬菜的韓國烤肉沙拉‧‧‧‧‧‧‧‧‧ 83

● 蔥
酪梨番茄的中式黑醋沙拉‧‧‧‧‧‧‧‧‧ 16
下仁田蔥和綠花椰的
　　卡芒貝爾醬沾醬沙拉‧‧‧‧‧‧‧‧‧‧ 36

● 巴西利
綠花椰的綠色馬鈴薯沙拉‧‧‧‧‧‧‧‧‧ 45

● 白菜
白菜蘋果雞柳的日式沙拉‧‧‧‧‧‧‧‧‧ 41
白菜甜椒沙拉佐干貝沙拉醬‧‧‧‧‧‧ 88

● 比利時萵苣
菊苣焗烤沙拉‧‧‧‧‧‧‧‧‧‧‧‧‧‧‧‧‧‧‧‧ 17

● 菠菜、沙拉菠菜
章魚沙拉拌蒜味辣椒油‧‧‧‧‧‧‧‧‧‧‧ 10
高麗菜雞排凱撒沙拉‧‧‧‧‧‧‧‧‧‧‧‧‧ 43
韓式拌菜‧‧‧‧‧‧‧‧‧‧‧‧‧‧‧‧‧‧‧‧‧‧‧‧ 48
菠菜甜椒沙拉佐炒雞蛋‧‧‧‧‧‧‧‧‧‧‧ 74
炸牛蒡菠菜沙拉‧‧‧‧‧‧‧‧‧‧‧‧‧‧‧‧‧ 88
菠菜烤牛肉沙拉
　　佐起司沙拉醬‧‧‧‧‧‧‧‧‧‧‧‧‧‧‧‧ 91

● 水菜
脆蘿蔔和水菜的鱈魚子湯沙拉‧‧‧‧‧ 19
酥脆鍋巴的香味沙拉‧‧‧‧‧‧‧‧‧‧‧‧‧ 63
鮪魚、水菜、甜椒沙拉
　　佐黏糊糊沙拉醬‧‧‧‧‧‧‧‧‧‧‧‧‧‧ 75

● 芽甘藍
芽甘藍和小洋蔥、
　　莫札瑞拉起司的烤沙拉‧‧‧‧‧‧‧‧ 81

● 黃麻
鮪魚、水菜、甜椒沙拉佐
　　黏糊糊沙拉醬‧‧‧‧‧‧‧‧‧‧‧‧‧‧‧‧ 75

● 萵苣、紅萵苣、蘿蔓萵苣、生鮮萵苣
萵苣和香味蔬菜的沙拉
　　佐絞肉番茄沙拉醬‧‧‧‧‧‧‧‧‧‧‧‧ 08
萵苣蛤蜊湯沙拉‧‧‧‧‧‧‧‧‧‧‧‧‧‧‧‧‧ 19
綠色的黏糊糊沙拉‧‧‧‧‧‧‧‧‧‧‧‧‧‧‧ 28
生鮮萵苣番茄沙拉‧‧‧‧‧‧‧‧‧‧‧‧‧‧‧ 40
簡易凱撒沙拉‧‧‧‧‧‧‧‧‧‧‧‧‧‧‧‧‧‧‧‧ 42
日式豬肉片凱撒沙拉‧‧‧‧‧‧‧‧‧‧‧‧‧ 43
切絲蔬菜的健康蕎麥麵沙拉‧‧‧‧‧‧ 62
長棍麵包和
　　手撕蔬菜的清脆沙拉‧‧‧‧‧‧‧‧‧‧ 64

● 芝麻菜
章魚沙拉拌蒜味辣椒油‧‧‧‧‧‧‧‧‧‧‧ 10

● 分蔥
白菜蘋果雞柳的日式沙拉‧‧‧‧‧‧‧‧‧ 41

吃果實的蔬菜

● 四季豆
鬆軟雞蛋的溫熱綠蔬菜沙拉‧‧‧‧‧‧ 41
蒸蓮藕、胡蘿蔔、蕪菁的
　　義式熱醬沙拉‧‧‧‧‧‧‧‧‧‧‧‧‧‧‧‧ 89

● 秋葵
綠色的黏糊糊沙拉‧‧‧‧‧‧‧‧‧‧‧‧‧‧‧ 28
秋葵和豆腐的日式沙拉‧‧‧‧‧‧‧‧‧‧‧ 81

● 南瓜
南瓜拌苦椒醬
　　美乃滋的韓式沙拉‧‧‧‧‧‧‧‧‧‧‧‧ 14
夏季蔬菜的普羅旺斯雜燴‧‧‧‧‧‧‧‧‧ 26
酥脆！蔬菜脆片沙拉‧‧‧‧‧‧‧‧‧‧‧‧‧ 55
南瓜和豬肝的酥炸沙拉‧‧‧‧‧‧‧‧‧‧‧ 75
南瓜和櫛瓜的烤雞沙拉‧‧‧‧‧‧‧‧‧‧‧ 84

● 黃瓜
日式豬肉片凱撒沙拉‧‧‧‧‧‧‧‧‧‧‧‧‧ 43
王道！馬鈴薯沙拉‧‧‧‧‧‧‧‧‧‧‧‧‧‧‧ 44
美式高麗菜沙拉‧‧‧‧‧‧‧‧‧‧‧‧‧‧‧‧‧‧ 46
東南亞高麗菜沙拉‧‧‧‧‧‧‧‧‧‧‧‧‧‧‧ 47
黃瓜芹菜的芒果清爽沙拉‧‧‧‧‧‧‧‧‧ 57

● 碗豆
春季的豌豆沙拉‧‧‧‧‧‧‧‧‧‧‧‧‧‧‧‧‧ 22

● 苦瓜
玉米苦瓜蠶豆沙拉佐莎莎醬‧‧‧‧‧‧‧‧‧ 28
炸茄子和
　　苦瓜、豬肉的豐富沙拉‧‧‧‧‧‧‧‧ 77
苦瓜和豬肉片的梅風味沙拉‧‧‧‧‧‧ 79

● 蜜糖豆
春季的豌豆沙拉‧‧‧‧‧‧‧‧‧‧‧‧‧‧‧‧‧ 22
茼蒿和洋蔥的炙燒鰹魚沙拉‧‧‧‧‧ 91

● 櫛瓜
夏季蔬菜的普羅旺斯雜燴‧‧‧‧‧‧‧‧‧ 26
炒蠶豆和櫛瓜的西式拌菜‧‧‧‧‧‧‧‧‧ 49
櫛瓜干貝的薄荷沙拉‧‧‧‧‧‧‧‧‧‧‧‧‧ 57
南瓜和櫛瓜的烤雞沙拉‧‧‧‧‧‧‧‧‧‧‧ 84

● 蠶豆
玉米苦瓜蠶豆沙拉佐莎莎醬‧‧‧‧‧‧‧‧‧ 28
炒蠶豆和櫛瓜的西式拌菜‧‧‧‧‧‧‧‧‧ 49

● 玉米
玉米苦瓜蠶豆沙拉佐莎莎醬‧‧‧‧‧‧‧‧‧ 28

● 番茄、水果番茄
胡蘿蔔番茄沙拉‧‧‧‧‧‧‧‧‧‧‧‧‧‧‧‧‧ 13
酪梨番茄的中式黑醋沙拉‧‧‧‧‧‧‧‧‧ 16
生鮮萵苣番茄沙拉‧‧‧‧‧‧‧‧‧‧‧‧‧‧‧ 40
番茄紅椒火腿拌菜‧‧‧‧‧‧‧‧‧‧‧‧‧‧‧ 49
胡蘿蔔番茄雞肉沙拉‧‧‧‧‧‧‧‧‧‧‧‧‧ 73
番茄和鰻魚的配料沙拉‧‧‧‧‧‧‧‧‧‧‧ 78
菠菜烤牛肉沙拉佐起司沙拉醬‧‧‧‧‧‧‧ 91

● 茄子
綠色的黏糊糊沙拉……………………… 28
秋茄的亞洲風沾醬……………………… 30
炸茄子和苦瓜、豬肉的豐富沙拉…… 77

● 甜椒
夏季蔬菜的普羅旺斯雜燴…………… 26
番茄紅椒火腿拌菜……………………… 49
小米墨西哥沙拉………………………… 60
菠菜甜椒沙拉佐炒雞蛋……………… 74
鮪魚、水菜、甜椒沙拉
　　佐黏糊糊沙拉醬…………………… 75
蕪菁和薑燒豬肉的鮮豔溫沙拉…… 85
白菜甜椒沙拉佐干貝沙拉醬………… 88

● 小番茄
萵苣和香味蔬菜的沙拉
　　佐絞肉番茄沙拉醬………………… 08
苦瓜和豬肉片的梅風味沙拉………… 79

● 扁豆
春季的豌豆沙拉………………………… 22

● 玉米筍
酥脆鍋巴的香味沙拉………………… 63

吃花苞的蔬菜

● 花椰菜
花椰菜和百合根的蔬菜咖哩………… 32
花椰菜和蕪菁的馬鈴薯沙拉………… 45
綠花椰和椰菜、水煮蛋溫沙拉…… 85

● 綠花椰
下仁田蔥和綠花椰的
　　卡芒貝爾沾醬沙拉………………… 36
鬆軟雞蛋的溫熱綠蔬菜沙拉………… 41
綠花椰的綠色馬鈴薯沙拉…………… 45
綠花椰和花椰菜、
　　水煮蛋溫沙拉……………………… 85

● 蘘荷
切絲蔬菜的健康蕎麥麵沙拉………… 62
番茄和鰻魚的配料沙拉……………… 78

吃莖的蔬菜

● 綠蘆筍、白蘆筍
蘆筍和半熟蛋的小菜沙拉…………… 24
鬆軟雞蛋的溫熱綠蔬菜沙拉………… 41
白蘆筍和橘子的清爽沙拉…………… 52
蘆筍和豆芽菜的微波溫沙拉………… 78

● 水芹
搓鹽蘿蔔和水芹的香味沙拉……… 34

● 芹菜
苦苣芹菜沙拉佐香蒜螢烏賊………… 18
黃瓜芹菜的芒果清爽沙拉…………… 57
小米墨西哥沙拉………………………… 60
涼拌冬粉沙拉…………………………… 65
秋葵和豆腐的日式沙拉……………… 81

● 竹筍
芽甘藍和
　　小洋蔥、莫札瑞拉起司的烤沙拉… 81

吃芽的蔬菜

● 貝割菜
切絲蔬菜的健康蕎麥麵沙拉………… 62
番茄和鰻魚的配料沙拉……………… 78

● 豆苗
豆苗鹽豆腐沙拉佐炸牛蒡…………… 11
高麗菜豆苗沙拉
　　佐蘿蔔泥小魚沙拉醬……………… 87

● 豆芽菜
韓式拌菜………………………………… 48
涼拌冬粉沙拉…………………………… 65
蘆筍和豆芽菜的微波溫沙拉………… 78
豐富蔬菜的韓國烤肉沙拉…………… 83

根莖類蔬菜醃菜

● 蕪菁
西瓜蘿蔔和蕪菁
　　的千層派沙拉……………………… 14
花椰菜和蕪菁的馬鈴薯沙拉………… 45
蕪菁和薑燒豬肉
　　的鮮豔溫沙拉……………………… 85
蒸蓮藕、胡蘿蔔、蕪菁的
　　義式熱醬沙拉……………………… 89

● 牛蒡
豆苗鹽豆腐沙拉佐炸牛蒡…………… 11
根莖蔬菜和柿子拌芝麻豆腐………… 32
炸牛蒡菠菜沙拉………………………… 88

● 蘿蔔、西瓜蘿蔔
西瓜蘿蔔和蕪菁的千層派沙拉…… 14
脆蘿蔔和水菜的鱈魚子湯沙拉…… 19
搓鹽蘿蔔和水芹的香味沙拉……… 34

● 洋蔥
薑燒豬肉沙拉…………………………… 12
蘆筍和半熟蛋的小菜沙拉…………… 24
簡易凱撒沙拉…………………………… 42
南瓜和豬肝的酥炸沙拉……………… 75
茼蒿和洋蔥的炙燒鰹魚沙拉……… 91

● 胡蘿蔔
胡蘿蔔番茄沙拉………………………… 13
王道！馬鈴薯沙拉……………………… 44
韓式拌菜………………………………… 48
酥脆！蔬菜脆片沙拉………………… 55
胡蘿蔔番茄雞肉沙拉………………… 73
蒸蓮藕、胡蘿蔔、蕪菁的
　　義式熱醬沙拉……………………… 89

● 小洋蔥
芽甘藍和小洋蔥、
　　莫札瑞拉起司的烤沙拉………… 81

● 百合根
花椰菜和百合根的蔬菜咖哩………… 32

● 蓮藕
根莖蔬菜和柿子拌芝麻豆腐………… 32
蒸蓮藕、胡蘿蔔、
　　蕪菁的義式熱醬沙拉…………… 89

醃菜

根莖蔬菜和鴻禧菇的醃菜…………… 50
蘿蔔和胡蘿蔔的醃菜………………… 50
洋蔥的咖哩醃菜………………………… 50
雙色甜椒醃菜…………………………… 50

沙拉醬

千島風沙拉醬…………………………… 68
莎莎醬…………………………………… 68
胡蘿蔔醬………………………………… 68
巴西利醬………………………………… 68
香菜甜辣醬……………………………… 69
番茄泥沾醬……………………………… 69
塔塔醬…………………………………… 69
蘋果薄荷醬……………………………… 69
菠菜白醬………………………………… 69
蘿蔔泥檸檬沾醬………………………… 70
洋蔥生薑沾醬…………………………… 70
香菜花生沾醬…………………………… 70

喝的沙拉

胡蘿蔔和甜椒、萵苣的蔬果汁…… 92
高麗菜、番茄、蘋果的蔬果汁…… 92
小松菜、高麗菜、香蕉的蔬果牛乳… 93
番茄和甜椒、芹菜的西班牙凍湯…… 93

TITLE

一日多蔬「綠沙拉」

STAFF

ORIGINAL JAPANESE EDITION STAFF

出版	三悦文化圖書事業有限公司
編著	主婦之友社
譯者	羅淑慧
總編輯	郭湘齡
責任編輯	莊薇熙
文字編輯	黃美玉　黃思婷
美術編輯	朱哲宏
排版	沈蔚庭
製版	明宏彩色照相製版股份有限公司
印刷	皇甫彩藝印刷股份有限公司
法律顧問	經兆國際法律事務所　黃沛聲律師
代理發行	瑞昇文化事業股份有限公司
地址	新北市中和區景平路464巷2弄1-4號
電話	(02)2945-3191
傳真	(02)2945-3190
網址	www.rising-books.com.tw
e-Mail	resing@ms34.hinet.net
劃撥帳號	19598343
戶名	瑞昇文化事業股份有限公司
初版日期	2016年11月
定價	250元

料理	堤人美（Part1～5）、牧野直子（Part6）
攝影	千葉 充（Part1～5）、 松木 潤（Part6・主婦の友社写真課）
栄養計算	石垣晶子（スタジオ食）
スタイリング	諸橋昌子
デザイン	成冨チトセ（細山田デザイン事務所）
撮影協力	アワビーズ
構成・文	松原陽子
編集	佐々木めぐみ（主婦の友社）

國家圖書館出版品預行編目資料

一日多蔬「綠沙拉」/ 主婦之友社編著；
羅淑慧譯. -- 初版. -- 新北市：
三悦文化圖書, 2016.09
96　面；18.2 x 25.7　公分
譯自：一日分の野菜がとれる「主役サラダ」
ISBN 978-986-93262-2-3(平裝)

1.食譜

427.1　　　　　　　　　　105015175